佳能77D
单反摄影宝典

于众 著

相机 + 拍摄 + 场景 + 后期
设置 　 技法 　 实战 　 处理

人民邮电出版社

北京

前　言

一本书加一张光盘助您全面精通佳能77D摄影！

本着"工欲善其事，必先利其器"的原则，越来越多的摄影爱好者不仅购入了价格不菲的单反相机，还添置了各类镜头、滤镜等附件。是不是拥有了优良的器材，就能够创作出精美的摄影作品呢？答案显然是否定的。要拍出好照片，至少要具备以下三个方面的能力。首先，要了解相机上每个按钮的功能，理解相机重点菜单的意义，清楚各类附件的功用，并能够娴熟地与相机配合使用；其次，要理解摄影的基本知识，包括光圈、快门、感光度三者配合使用的原理，测光、对焦模式间的区别，构图、用光概念等；最后，要理解视觉艺术美的规则，培养自己发现美的能力。

本书内容

本书分为相机基本操作，摄影基础理论，构图、光线和色彩，常见题材拍摄技巧和后期处理技巧五大部分。其中，第1章和第2章用于帮助读者掌握佳能77D相机的基本操作，以便在拍摄时能娴熟地设置、修改拍摄参数。第3章~第9章讲解光圈、快门、感光度、测光模式、曝光模式、对焦模式、镜头等基础知识。这些知识至关重要，能够指导读者拍出主体清晰、曝光正确的照片。第10章~第12章用于帮助各位读者了解构图、光线及色彩搭配方面的知识，以使各位读者拍摄出来的照片无论从形式上还是色彩方面均更加出彩。第13章~第16章讲解了人像、儿童、风光、动物、城市建筑、夜景等常见题材的拍摄技法，用于帮助读者在拍摄前确立拍摄思路，选择合适的拍摄手法。第17章~第18章以案例形式讲解了使用Photoshop及Camera Raw润饰、处理照片的诸多技巧。

光盘资源

为了帮助各位读者更好地学习书中内容，本书附赠了超值多媒体光盘，包括以下内容。

1.相机操作讲解视频，讲解相机所有按钮功能，让您一入手便能上手玩转。

2.摄影理念讲解视频，讲解"好照片的标准""学好摄影的理念"等基础摄影理念。

3.构图知识讲解视频，讲解摄影中必知必会的15种构图法则。

4.实拍技巧讲解视频，讲解风光、建筑、花卉摄影中的28种实拍技巧，即学即用。

5.Camera Raw讲解视频，学习后能够灵活地编修RAW格式照片，如改变照片色温、白平衡，裁剪、润饰、旋转、锐化照片，消减照片的紫边、失真情况，增加照片颗粒感等。

6.Photoshop CC讲解视频，讲解润饰照片不可不学的Photoshop软件。

7.Digital Photo Professional讲解视频，学习后读者将能够运用这款功能强大的佳能原厂照片润饰软件，轻松完成调整照片曝光量，改变照片色彩与白平衡、锐化照片、校正镜头像差、进行数码镜头优化、恢复照片高光阴影处细节等操作。

读者解答

读者可以通过以下方式与作者进行互动，获得疑难问题解答。

新浪微博：http://weibo.com/bjgsygj

腾讯微博：http://t.qq.com/leibobook

微信公众号：funphoto

QQ群：247292794、341699682、190318868

北极光摄影论坛：http://www.bjgphoto.com.cn

我们将在微博及微信公众号中定期发布最新的摄影理念、最酷的摄影作品、最实用的摄影技法，并不定期举办比赛。喜爱外拍的摄影爱好者，可以关注北极光摄影论坛，我们还将在论坛中不定期发布组织外拍采风活动的信息。

如果希望直接与编者团队联系，请拨打电话4008-367-388。

可以说，本书为读者提供了一个完整的摄影学习体系，其中图书为主要载体、光盘为辅助资料、网络为线上支持，任何一个有学习意愿的读者，都能够借助这个体系轻松掌握所需要的摄影知识，并通过练习拍摄出令人满意的作品。

编者

光盘说明

本书所附赠的DVD光盘以学习视频为主，共包含10部分内容。

1.Canon EOS 77D相机教学视频

Canon EOS 77D是佳能公司的中端级产品。通过观看此视频集，读者将能够掌握有关此相机的通用操作方法。例如，设置ISO、改变白平衡、播放照片、删除照片、设置曝光补偿、录制视频、改变曝光模式、锁定曝光等。

视频讲解界面 1

视频讲解界面 2

2.《摄影大讲堂》教学视频

《摄影大讲堂》是笔者精心录制的普及型摄影知识讲解视频，共分6讲，时长近4小时，讲解时使用的照片近400张，是不可错过的精彩摄影讲座。

视频案例展示 1

视频案例展示 2

3.15种构图法则剖析教学视频

此教学视频共分15讲，以新颖、美观的照片展示了在摄影中经常使用的15类构图法则的特点与使用要点，包括L形构图、垂直线构图、对称式构图、对角线构图、辐射式构图、框式构图、曲线构图、散点式构图、水平线构图、透视牵引线构图等。

视频案例展示 1

视频案例展示 2

4.10种花卉拍摄技巧教学视频

此教学视频共分10讲，以鲜艳、锐利的照片展示了在拍摄花卉时经常使用的10个技巧，如纳入昆虫点缀花卉、拍摄有水滴的花卉、使用黑色或白色背景衬托花卉、10种拍摄花卉常用的构图等。

视频案例展示 1

视频案例展示 2

5.8种风光摄影技巧教学视频

此教学视频共分8讲，以丰富、精美的照片展示了在拍摄风光时经常使用的技巧，如利用黄金时间拍摄、选好拍摄位置、按主题构图、使画面有比例感、重视引导线、拯救剪影等。

视频案例展示 1

视频案例展示 2

6.10种建筑拍摄技巧教学视频

此教学视频共分10讲，以奇特、新鲜的照片展示了在拍摄建筑时经常使用的10个技巧，如标新立异的角度、建筑摄影用光、建筑摄影的形式美、极简主义拍摄建筑、弱光展现建筑精美内景等。

视频案例展示 1

视频案例展示 2

7.Camera Raw教学视频

Camera Raw（简写为ACR）是处理RAW格式照片必须掌握的软件，读者可以在全真软件模拟环境中，通过单击希望学习的工具或菜单命令来学习。

ACR 视频学习软件主界面

全真模拟软件视频讲解界面

8.Photoshop CC基础教学视频

Photoshop是每一位摄影师都应该掌握的后期处理软件，在此编者通过近百个视频较全面地讲解了此软件。

PS CC 基础学习视频讲解界面 1

PS CC 基础学习视频讲解界面 2

9.Digital Photo Professional教学视频

Digital Photo Professional（简写为DPP）是佳能出品的照片处理软件，功能丰富而又强大。读者可以在全真软件模拟环境中，通过单击希望学习的工具或菜单命令来进行学习。

DPP 视频学习软件主界面

全真模拟软件视频讲解界面

10.本书案例源文件

此文件夹中收集并整理了本书最后两章中所使用的素材及PSD格式源文件。

Chapter 01 了解Canon EOS 77D 机身结构

Chapter 02 初步设置相机参数

Chapter 03 认识曝光要素——光圈

Chapter 04　认识曝光要素——快门速度

Chapter 05　认识曝光要素——感光度

Chapter 06 准确测光

Chapter 07 玩转曝光补偿

Chapter 08 掌握对焦秘籍

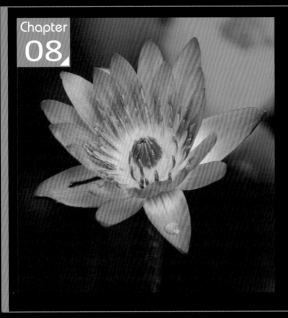

Chapter 09 拓展Canon EOS 77D拍摄实力的镜头

Chapter 12 光线、色彩与白平衡的运用

Chapter 13 美女、儿童摄影技巧

Chapter 14　风光摄影技巧

Chapter
14

Chapter 15 动物的拍摄技巧

Chapter 16 城市建筑与夜景的拍摄技巧

Chapter 17 人像、风光摄影后期处理技巧

Chapter 18　Camera Raw后期处理技巧

菜 单 索 引

Chapter 了解Canon EOS 77D机身结构

01

1.1 Canon EOS 77D 相机正面结构

遥控感应器
可以使用 RC-6 遥控器在最远 5m 处拍摄。应把遥控器的方向指向该遥控感应器，遥控感应器才能接收到遥控器发出的信号，并完成对焦和拍摄任务。RC-6 可以进行立即拍摄或 2s 延时拍摄

快门按钮
半按快门可以开启相机的自动对焦及测光系统，完全按下快门时完成拍摄。当相机处于省电状态时，轻按快门可以恢复工作状态

自拍指示灯
当设置 2s 或 10s 自拍功能时，此灯会连续闪光进行提示

镜头安装标志
将镜头的红色或白色安装标志与相机颜色相同的安装标志对齐，旋转镜头即可完成安装

镜头释放按钮
用于拆卸镜头，按下此按钮并旋转镜头的镜筒，可以把镜头从机身上取下来

镜头固定销
用于稳固机身与镜头之间的连接

内置麦克风
在拍摄短片时，可以通过此麦克风录制单声道音频

手柄（电池仓）
在拍摄时，用右手持握在此处。该手柄遵循人体工程学的设计，持握非常舒适

触点
用于相机与镜头之间传递信息。将镜头拆下后，请装上机身盖，以免刮伤电子触点

镜头卡口
安装镜头，并与镜头之间传递距离、光圈、焦距等信息

反光镜
未拍摄时，反光镜为落下状态；在拍摄时，反光镜会升起，并按照指定的曝光参数进行曝光。反光镜升起和落下时会产生一定的机震，在使用 1/30s 以下的低速快门时尤为明显，使用反光镜预升功能有利于避免机震

1.2　Canon EOS 77D 相机顶部结构

热靴
用于外接闪光灯，热靴上的触点正好与外接闪光灯上的触点相合；也可以外接无线同步器，在有影室灯的情况下起引闪的作用

模式转盘
用于选择拍摄模式，包括场景智能自动曝光模式、闪光灯关闭曝光模式、创意自动曝光模式、场景模式、创意滤镜模式，以及 P、Tv、Av、M、SCN、场景智能自动、闪光灯关闭及创意自动等模式。使用时需要按住模式转盘锁释放按钮，然后旋转模式转盘，使相应的模式对准右侧的白色标记即可

闪光同步触点
用于相机与闪光灯之间传递焦距、测光等信息

自动对焦区域选择按钮
在拍摄模式下，按下此按钮即激活自动对焦区域选择模式，每次按下此按钮时自动对焦区域选择模式会改变

主拨盘
使用主拨盘可以设置快门速度、光圈、自动对焦模式、ISO 感光度等

液晶显示屏照明按钮
按下此按钮可开启 / 关闭液晶显示屏照明功能

电源开关
用于控制相机的开启与关闭；当将此开关切换至 图标时，可切换至短片拍摄模式

屈光度调节旋钮
用于调节取景器的清晰度

液晶显示屏
用于显示拍摄时的常用参数

ISO 感光度设置按钮
按下此按钮，转动速控转盘可调节闪光曝光补偿数值；转动主拨盘可以调节 ISO 感光度数值

模式转盘锁释放按钮
只需按住转盘中央的模式转盘锁释放按钮，转动模式转盘即可选择拍摄模式

1.3 Canon EOS 77D 相机背面结构

菜单按钮
用于启动相机内的菜单功能。在菜单中可以对画质、日期／时间等功能进行设置

实时显示拍摄／短片拍摄按钮
按下此按钮，相机将开启液晶监视器取景拍摄模式，自动关闭光学取景器；当把电源开关置于🎥时，按下此按钮将开始录制视频，再次按下时将停止录制

眼罩
推眼罩的底部即可将其拆下

自动曝光锁／闪光曝光锁按钮／索引／缩小按钮
在拍摄模式下，按下此按钮可以锁定曝光或闪光曝光，可以以相同曝光值拍摄多张照片；在照片回放模式下，按下此按钮可以进行索引显示；在照片回放模式下，按住此按钮可以缩小照片的显示比例

回放按钮
按下此按钮可以回放刚刚拍摄的照片，还可以使用机身右上角的两个按钮对照片进行放大或缩小。当再次按下此按钮时，可返回拍摄状态

驱动模式选择按钮／左方向键
按下此按钮可以快速进行驱动模式设置；在菜单和播放照片操作中，按下此按钮起到向左选择的操作

数据处理指示灯
当相机在存储卡中存取照片时，此指示灯会亮起，此时最好不要关闭相机或取出存储卡

速控按钮
按下此按钮后可在液晶监视器中显示并进行常用拍摄参数设置

设置按钮
用于菜单功能选择的确认，类似于其他相机上的 OK 按钮

液晶监视器／触摸屏
使用液晶监视器可以设定菜单功能、使用实时显示模式拍摄、回放照片和短片等操作。另外，液晶监视器是可触摸控制的，可以通过手指点击、滑动来操作。在使用实时显示模式拍摄时，还可以通过旋转此液晶监视器来获得更为方便观看的角度和方向状态

自动对焦点选择／放大按钮
在拍摄模式下，按下此按钮，可以使用方向键或速控拨盘选择自动对焦点；在照片回放模式下，按住此按钮可以放大照片的显示比例

Wi-Fi 按钮
按下此按钮，可以进入无线通信设置界面，在其中可以设置 Wi-Fi、蓝牙及相关参数，从而实现与智能手机通信、在相机之间发送照片，将照片保存到 Canon Connect Station(影像存储器)、用 EOS Utility 进行遥控操作、使用 Wi-Fi 打印机打印照片及向网络发送照片等操作

显示关闭感应器
当眼睛接近取景器时，显示关闭感应器会关闭液晶监视器，当眼睛离开取景器时，液晶监视器会再次打开

取景器目镜
在拍摄时，可通过观察取景器目镜里面的景物进行取景构图

自动对焦启动按钮
在创意拍摄区模式下，按下此按钮与半按快门的效果一样；在实时显示拍摄和拍摄短片时，可以使用此按钮进行对焦

自动对焦操作选择按钮/右方向键
按下此按钮可以快速进行自动对焦模式设置；在菜单和播放照片操作中，按下此按钮起到向右选择的操作

白平衡选择按钮/上方向键
按下此按钮可以快速进行白平衡模式设置；在菜单和播放照片操作中，按下此按钮起到向上选择的操作

速控转盘
按一个功能按钮后，转动速控转盘，可以完成相应的设置；直接转动速控转盘可设定曝光补偿量或在手动曝光模式下设置光圈值

照片风格选择按钮/下方向键
按下此按钮可以快速进行照片风格设置；在菜单和播放照片操作中，按下此按钮起到向下选择的操作

多功能锁开关
当将其推至上方时则锁定主拨盘、速控转盘及液晶监视器，以防止因其移动而改变参数设置，推至下方则解除锁定

信息按钮
在使用取景器拍摄时，每次按下此按钮，可以分别显示相机设置、电子水准仪及拍摄功能等参数；在回放模式、实时显示拍摄模式及短片拍摄模式下，每次按下此按钮，会依次切换信息显示

删除按钮
在回放照片模式下，按下此按钮可以删除当前照片。照片一旦被删除，将无法恢复

1.4 Canon EOS 77D 相机侧面结构

遥控端子
当将快门线 RS-60E3 连接到相机的遥控端子时，可以进行半按下和完全按下快门按钮操作

闪光灯按钮
在 P、Tv、Av、M 模式下，按下此按钮，相机将弹出内置闪光灯，并在拍摄时闪光。在其他曝光模式下，如果环境光线较暗，相机将自动弹出内置闪光灯

景深预览按钮
按下此按钮，相机将启动景深预览功能，拍摄者可以在取景器中观察当前光圈值下的景深大小

外接麦克风输入端子
通过将带有立体声微型插头的外接麦克风连接到相机的外接麦克风输入端子，便可录制立体声

扬声器
用于播放短片的录制声音

HDMI mini 输出端子
此端口用于将相机与 HD 高清晰度电视机连接在一起，以便在电视机上播放相机中的静止图像和短片。但是，HDMI 连接线需要另外购买

数码端子
使用接口连接线插入此端子将相机与计算机连接起来，可以利用 EOS Utility 软件将相机中的图像传输到计算机

存储卡插槽盖
打开此盖可安装或取出存储卡，本相机可使用 SD、SDHC、SDXC 存储卡

1.5 Canon EOS 77D 相机底部结构

电池仓盖释放杆
用于安装和更换锂离子电池。安装电池时，应先移动电池仓盖释放杆，然后打开舱盖

脚架接孔
用于将相机固定在三脚架或独脚架上。顺时针转动脚架快装板上的旋钮，可将相机固定在脚架上

电池仓盖
打开电池舱盖后可拆装电池

1.6 Canon EOS 77D 相机光学取景器

长宽比线　　网格线　　大区域自动对焦框

点测光圆

区域自动对焦框

自动对焦点

对焦屏

电子水准仪　　闪烁检测

自动曝光锁 / 自动包围曝光进行中

快门速度 / B 门曝光（buLb）/ 闪光曝光锁（FEL）/ 数据处理中（buSy）/ 内置闪光灯充电中（ᵇ buSy）/ 多功能锁警告（L）/ 没有存储卡警告（Card）/ 存储卡错误（Card）/ 存储卡已满警告

ᵇ* 闪光曝光锁 / 闪光包围曝光进行中

曝光补偿量 / 自动包围曝光范围 / 减轻红眼灯开

闪光曝光补偿

光圈值

ISO 感光度数值

对焦指示

警告图标　　ᵇH 高速同步

曝光补偿

高光色调优先

最大连拍数量

闪光灯准备就绪 / 错误闪光曝光锁警告

1.7 Canon EOS 77D 相机速控屏幕

拍摄模式

曝光补偿 / 自动包围曝光设置

闪光曝光补偿

快门速度

光圈值

ISO 感光度

自动对焦模式

白平衡

测光模式

图像记录画质

照片风格

自动对焦区域选择模式

驱动模式

内置闪光灯功能设置

白平衡偏移 / 白平衡包围曝光

自动亮度优化

Chapter 初步设置相机参数

02

2.1 设置照片存储类型、尺寸与画质

设置照片存储类型

在Canon EOS 77D中，可以设置JPEG与RAW两种文件存储格式。其中，JPEG是最常用的图像文件格式，它用压缩的方式去除冗余的图像数据，在获得极高压缩率的同时能展现十分丰富、生动的图像，且兼容性好，广泛应用于网络发布、照片洗印等领域。

RAW原意是"未经加工"，它是数码相机专有的文件存储格式。RAW文件既记录了数码相机

传感器的原始信息，同时又记录了由相机拍摄所产生的一些原数据（如相机型号、快门速度、光圈、白平衡等）。准确地说，它并不是某个具体的文件格式，而是一类文件格式的统称。例如，在Canon EOS 77D中RAW格式文件的扩展名为*.CR2，这也是目前所有佳能相机统一的RAW文件格式扩展名。

使用RAW格式拍摄的优点

- 可在计算机上对照片进行更细致的处理，包括白平衡调节、高光区调节、阴影区调节；清晰度、饱和度控制以及周边光量控制；还可以对照片的噪点进行处理，或重新设置照片的拍摄风格。
- 可以使用最原始的图像数据（直接来自传感器），而不是经过处理的信息，这毫无疑问将获得更好的效果。
- 可以利用14位图片文件进行高位编辑，这意味着更多的色调，可以使最后的照片获得更平滑的梯度和色调过渡效果。在14位模式操作时，可使用的数据更多。

❶ 在**拍摄菜单**1中选择**图像画质**选项

❷ 点击选择所需要的画质选项，然后点击 SET OK 图标确认

❸ 选择RAW格式时的显示状态

❹ 选择中尺寸优画质JPEG格式时的显示状态

如何处理RAW格式文件

当前能够处理RAW格式文件的软件不少。如果希望用佳能原厂提供的软件，可以使用Digital Photo Professional，此软件是佳能公司开发的一款用于照片处理和管理的软件，简写为DPP，能够处理佳能数码单反相机拍摄的RAW格式文件，操作较为简单。

如果希望使用更专业一些的软件，可以考虑

使用Photoshop，此软件自带RAW格式文件处理插件，能够处理各类RAW格式文件，而不仅限于佳能、尼康数码相机所拍摄的数码照片，因此功能更强大。

> **提示**
>
> 如果Photoshop无法打开RAW文件，则需要更新Camera Raw插件。

↑ DPP软件界面

⚙ 设置合适的分辨率为后期处理做准备

　　分辨率是照片的重要参数，照片的分辨率越高，在计算机后期处理时裁剪的余地就越大，同时文件所占空间也就越大。

　　Canon EOS 77D可拍摄图像的最大分辨率为6000像素x4000像素，相当于2400万像素，因而按此分辨率保存的照片有很大的后期处理空间。

　　Canon EOS 77D各种画质的格式、记录的像素量、文件大小、可拍摄数量及最大连拍数量（依据8GB 存储卡、ISO100、3：2长宽比、标准照片风格的测试标准）如下表所示。

文件格式	画 质	记录的像素量（万）	打印尺寸	文件大小（MB）	可拍摄数量	最大连拍数量
JPEG	◢L	2420	A2	7.6	940	110
	◢◣L			3.9	1800	120
	◢M	1100	A3	4.1	1730	140
	◢◣M			2.0	3430	140
	◢S1	590	A4	2.6	2700	140
	◢◣S1			1.3	5260	150
	S2	380	—	1.3	5260	150
RAW	RAW+◢L	2420	A2	29.4+7.6	170	19（23）
	RAW			29.4	210	21（27）

　　注：括号中的最大连拍数量数值，是指在高速连拍 ⊑JH 驱动模式下的数量。

◑ 设置照片画质

确定了照片的存储格式与尺寸后，还要设置照片的画质，即照片的压缩设置。Canon EOS 77D可设置的每种照片尺寸均有"优"与"普通"两种画质选项。不同尺寸的"优"类画质文件格式图标分别为◢L、◢M、◢S，不同尺寸的"普通"类画质文件格式图标分别为◢L、◢M、◢S。

如果选择"优"类画质文件格式，那么拍摄出来照片的画质优秀，细节丰富，但文件会相应大一些，拍摄商业静物、人像、风光等题材时，通常要选择此类画质。如果选择"普通"类文件格式，那么相机将自动压缩照片，照片的细节会有一定损失。不过如果不放大仔细观察的话，这种损失并不明显。

◀在拍摄时设置画质为"优"，即使放大观察，照片的细节仍然很清晰【焦距：85mm 光圈：f/1.8 快门速度：1/200s 感光度：640】

2.2 设置播放照片的相关参数

❂ 图像确认时间

　　为了方便拍摄后立即查看拍摄结果,可在"图像确认"菜单中设置拍摄后液晶监视器显示图像的时间长度。

❶ 在**拍摄菜单1**中点击选择**图像确认**选项　　❷ 点击选择显示照片的时间长度

- 关:选择此选项,拍摄完成后相机不自动显示照片。
- 2秒/4秒/8秒:选择不同的选项,可以控制相机显示照片的时长。
- 持续显示:选择此选项,相机会在拍摄完成后保持照片的显示,直到自动关闭电源为止。

⬆ 由于在气温较低的环境中,耗电量会比较快,因此可将图像确认时间设置得短一些【焦距:200mm　光圈:f/3.5　快门速度:1/250s 感光度:200】

🔘 掌握播放、浏览、显示照片的操作

在回放照片时，可以进行放大、缩小、显示信息、前翻、后翻以及删除照片等多种操作，下面通过图示来说明回放照片的基本操作方法。

按下🔲🔍按钮可以切换到4张索引显示。再按🔲🔍按钮将依次按9张→36张→100张的顺序显示照片。在索引显示状态下，按下◀、▶、▼、▲方向键或转动速控转盘以移动橙色框选择图像

按下🔍按钮可以放大显示照片。按下◀、▶、▼、▲方向键可查看放大的照片局部

连续按下INFO.按钮，可以按无信息→基本信息→拍摄信息显示的顺序，循环显示照片的拍摄信息

按下▶按钮，可开始浏览照片

按下🗑按钮，可删除当前浏览的照片

🔘 图像跳转

通常情况下，可以使用速控转盘或◀、▶、▼、▲方向键来跳转照片，但只支持每次一个文件（照片、视频等）的跳转。如果想按照其他方式，如每次跳转10张或100张照片，可按下面的方法操作。

- 🔘: 选择此选项，在回放照片时转动主拨盘🔘，将逐个显示图像。
- 🔘: 选择此选项，在回放照片时转动主拨盘🔘，将跳转10张图像。
- 🔘: 选择此选项，在回放照片时转动主拨盘🔘，将跳转指定数量的图像。
- 🔘: 选择此选项，在回放照片时转动主拨盘🔘，将按日期显示图像。
- 🔘: 选择此选项，在回放照片时转动主拨盘🔘，将按文件夹显示图像。
- 🔘: 选择此选项，在回放照片时转动主拨盘🔘，将只显示短片。
- 🔘: 选择此选项，在回放照片时转动主拨盘🔘，将显示静止图像。
- 🔘: 选择此选项，在回放照片时转动主拨盘🔘，将显示保护的图像。
- 🔘: 选择此选项，在回放照片时转动主拨盘🔘，将按图像评分显示图像。

❶ 在回放菜单2中选择用🔘进行图像跳转选项

❷ 点击选择转动主拨盘🔘时的图像跳转方式，然后点击 SET OK 图标确认

2.3 其他基础参数设置选项

时间与日期

大多数摄友都习惯以时间+标注的形式整理越来越多的数码照片，例如"2017-05.15-北海打鸟"，因此正确设置相机的日期就显得很重要。

利用"日期/时间/区域"菜单可以快速地对相机的日期、时间和区域进行设置。

❶ 在**设置菜单**2中点击选择**日期/时间/区域**选项

❷ 点击选择时区选项

❸ 显示此界面，再次点击区域框

❹ 显示此界面，点击▲或▼图标选择需要的时区，然后点击 SET OK 图标确认

❺ 然后在此界面中，点击选择要设置的日期或时间框，点击▲或▼图标可选择日期/时间的数值，设置完成后点击**确定**选项

选择文件夹

利用此菜单可以自由创建和选择保存照片的文件夹，以达到拍摄时将不同题材的照片分类保存到不同文件夹的目的。

❶ 在**设置菜单**1中点击选择**选择文件夹**选项

❷ 点击选择一个现有的文件夹，则此后拍摄的照片将被记录在选定的文件夹中

❸ 如果在步骤❷中点击选择**创建文件夹**选项，并点击 SET OK 图标可以创建一个文件夹编号增加1的新文件夹

◑ 照片自动旋转功能

当使用相机竖拍时，可以使用此功能使这些照片在浏览时自动旋转为竖向，否则这些照片将横向显示。

- 开 📷💻：选择此选项，回放照片时，竖拍图像会在液晶监视器和计算机上自动旋转。
- 开💻：选择此选项，竖拍图像仅在计算机上自动旋转。
- 关：照片不会自动旋转。

⬆ 由于人像画面大多是竖构图，开启自动旋转功能便于拍摄时进行查看【焦距：85mm 光圈：f/3.2 快门速度：1/320s 感光度：100】

❶ 在**设置菜单**1中选择**自动旋转**选项

❷ 点击选择需要的选项

❸ 开启"自动旋转"功能时，竖拍照片的浏览状态

❹ 关闭"自动旋转"功能时，竖拍照片的浏览状态

◉ 分析照片整体曝光情况

　　每一款佳能相机都有大小不等，总像素量不同的液晶监视器，用于浏览照片，设置参数。虽然使用液晶监视器能够较好地浏览照片，但受到显示性能、亮度等方面的限制，仍然无法真实再现照片的曝光情况。

　　这也正是很多摄影爱好者在相机及计算机显示器上观看同一照片时，会发现有一定甚至是较大差异的原因，因此，要准确地观察曝光结果，不能依靠观察液晶监视器，而要利用更科学的判断依据，即柱状图。

① 在**回放菜单**3中点击选择**显示柱状图**选项

② 点击选择显示柱状图的类型

③ 选择"亮度"柱状图时的显示状态

④ 选择"RGB"柱状图时的显示状态

> **提示**
>
> 　　图③中，右边的白色柱状图为亮度柱状图，图④中，红色、绿色和蓝色图像分别表示照片中红色、绿色和蓝色的色调分布情况。

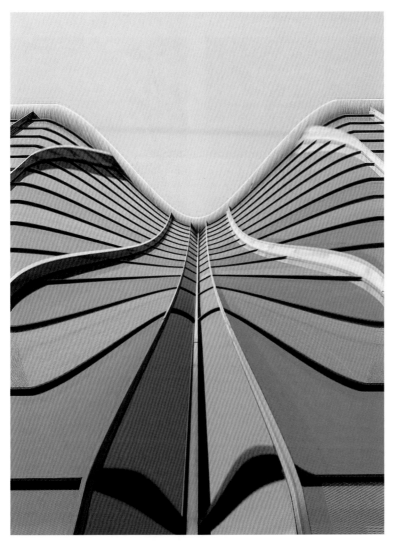

↑ 初学者在拍摄时要养成观看柱状图的习惯，以确定画面的曝光正确【焦距：70mm 光圈：f/8 快门速度：1/400s 感光度：160】

2.4 对照片进行操作

保护照片

对于一些特别重要的照片，可以用"保护图像"功能将其保护起来，以避免由于误操作而将其删除。被选中保护的图像会在右上方出现一个 O— 标记，表示该图像已被保护，无法使用相机的删除功能将其删除。

❶ 在**回放菜单**1中选择**保护图像**选项

❷ 点击选择**选择图像**选项

提示

如果对存储卡进行格式化，那么即使图像被保护，也会被删除。

❸ 左右扫动屏幕选择要保护的图像

❹ 点击 SET O— 图标即可保护所选图像

除了使用菜单操作外，也可以在照片处于播放状态时按下 Q 按钮，然后在显示的速控屏幕中选择 O— 图标，选择"启用"选项即可将该照片保护起来。

❶ 在机身上按下 Q 按钮

❷ 在显示的速控屏幕中选择 O— 图标

➥ 像一些难得一见的美景如果被误删了就太可惜了，所以应养成拍到喜欢的照片就利用保护照片功能将其保护起来的习惯【焦距：24mm 光圈：f/8 快门速度：1/400s 感光度：200】

⚙ 旋转照片

当需要浏览竖拍的照片时，可以使用"旋转图像"功能对照片进行90°、270°的旋转。

❶ 在**回放菜单1**中选择**旋转图像**选项

❷ 左右滑动选择要旋转的照片

❸ 连续点击 SET 图标将顺时针、逆时针旋转90°，最后恢复原始状态

除了利用菜单对照片进行旋转外，也可以在播放照片时按下 按钮，利用速控屏幕上的功能完成旋转操作。

❶ 在机身上按下 按钮

❷ 选择旋转图像图标，可以在相机内旋转照片

❸ 点击选择图像的旋转方向

提示

如果在"设置菜单1"中选择了"自动旋转"选项，就无需对竖拍照片进行手动旋转了。

⚙ 为照片评级评分

"评分"是一个非常有用的功能，在拍摄时如果认为某一批照片非常优秀，可以在拍摄后直接用此功能将照片标为5星；如果认为某些照片经过后期修饰后仍然可用，则可以标为3星。依此类推，可以将不同的星级定义为不同的意义，从而使照片在拍摄时就完成分类，以便后期在计算机中可以按星级快速对照片进行分类、保存、处理。

❶ 在**回放菜单2**中选择**评分**选项

❷ 向左或向右滑动选择要评分的照片或短片，然后点击 SET 图标选择评分星级即可

提示

在照片处于播放状态下，可以按Q按钮，开启速控屏幕，用其中的"评分"选项来快速完成为照片评级评分的操作。

Chapter 认识曝光要素——光圈

03

3.1 认识光圈及光圈优先曝光模式（Av）

3.2 不同大小的光圈在实拍中的应用

3.1 认识光圈及光圈优先曝光模式（Av）

❷ 光圈的概念

光圈位于镜头内，由多片很薄的金属叶片组成，是用于控制相机进光量的装置。光圈的大小用光圈系数表示。理解光圈对于了解相机进光量的控制原理及拍摄出曝光准确的照片具有很重要的意义。

❷ 从镜头的底部可以看到镜头内部的光圈金属薄片

❷ 不同光圈值下镜头通光口径的变化

设置不同的光圈值时，光圈叶片的闭合程度是不同的。下面的一组示意图展示了不同光圈值对应的光圈叶片闭合程度。

⬆ 光圈：f/2 快门速度：1/60s 感光度：100

⬆ 光圈：f/2.8 快门速度：1/60s 感光度：100

⬆ 光圈：f/4 快门速度：1/40s 感光度：100

⬆ 光圈：f/5 快门速度：1/10s 感光度：100

⬆ 光圈：f/5.6 快门速度：1/30s 感光度：100

⬆ 光圈：f/8 快门速度：1/15s 感光度：100

⬆ 光圈：f/11 快门速度：1/13s 感光度：100

⬆ 光圈：f/16 快门速度：1/10s 感光度：100

从这一组照片中可以看出，当光圈从f/2（大光圈）变化到f/16（小光圈）时，画面的景深也渐渐变大，使用大光圈拍摄时模糊的部分会变得越来越清晰。

光圈的表示方法

光圈的大小用F（f）数值来表示，通常以f/1.4、f/2、f/2.8、f/4、f/5.6、f/8、f/11、f/16、f/22等数值来标记。F系数的计算公式为：F=镜头焦距/光孔直径。因此，对同一焦距的镜头来说，F系数的值越小，表示相机进光孔直径越大；反之，F系数的值越大，则表示相机进光孔直径越小。

F值与镜头通光口径的关系

F值实际上等于镜头的焦距除以光圈的有效口径，所以，当拍摄时所使用的焦距与光圈值确定时，可以推算出此时镜头的通光口径。例如，对于35mm f/1.4的镜头而言，当最大光圈值设为f/1.4时，镜头光圈的通光口径就是35÷1.4=25mm。

虽然F值用于确定镜头的光圈大小，进而确定镜头通光口径，但当镜头焦距发生变化时，光圈通光口径也会随之改变。

例如，假设镜头的焦距为300mm，则以f/2.8光圈进行拍摄时，镜头的通光口径就是300÷2.8≈107mm。通光口径如此大的镜头的体积通常也非常大，价格也会很昂贵。

画质最佳光圈

任何一款相机镜头都有一挡成像质量最佳的光圈，这挡光圈俗称"最佳光圈"。通常，将镜头的最大光圈收缩2挡或3挡即为最佳光圈。而随着光圈逐级缩小，受到光线衍射效应的影响，画面的品质也会逐渐降低。

在拍摄人像或商业静物题材时，应该尽量使用画质最佳的光圈进行拍摄。

🔽 通常商业题材对画质的要求较高，因此在拍摄时需注意画质最佳光圈的设置【焦距：50mm 光圈：f/2.8 快门速度：1/125s 感光度：100】

画质最差光圈

如前所述，如果拍摄时使用的镜头光圈较小，则由于受到衍射效应影响，画质将变差。要理解这一点，首先必须明白什么是衍射效应。

衍射是指当光线穿过镜头光圈时，光在传播的过程中发生方向弯曲的现象。光线通过的孔隙（光圈）越小，光的波长越长，这种现象就越明显。因此，拍摄时所用光圈越小，到达相机感光元件的衍射光占比就越大，画面细节损失越多，画质越差。

因此，在拍摄时要避免使用过小的光圈。

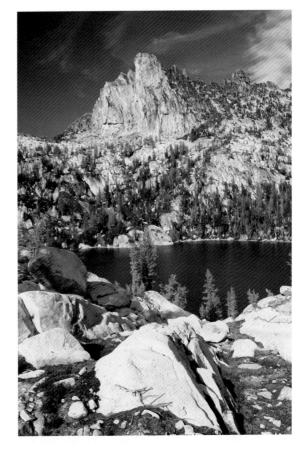

➡ 拍摄风光时不要为了得到大场景而将光圈设置到最小，可以稍微放大一两挡，确保画质细腻【焦距：27mm 光圈：f/16 快门速度：1/160s 感光度：100】

理解可用最大光圈

虽然光圈数值是在相机上设置的，但其可调整的范围却是由镜头决定的，即镜头支持的最大及最小光圈，就是在相机上可以设置的光圈上限和下限。

例如，对于EF 24-70mm f/2.8 L USM这款镜头而言，无论使用哪一个焦距段进行拍摄，其最大光圈都只能够达到f/2.8，不可能通过设置得到f/2、f/1.8这样的超大光圈。

因此，在参考或模仿其他优秀作品进行拍摄时，一定要注意观察其拍摄参数的光圈值，以确定自己所使用的镜头是否能够达到。

光圈优先曝光模式（Av）

　　使用光圈优先曝光模式拍摄时，摄影师可以旋转主拨盘从镜头的最小光圈到最大光圈之间选择所需光圈，相机会根据当前设置的光圈大小自动计算出合适的快门速度。

　　光圈优先是摄影中使用最多的一种拍摄模式，在Canon EOS 77D的模式转盘和液晶监视器上显示为"Av"。使用该模式拍摄的最大优势是可以控制画面的景深，为了获得更准确的曝光效果，经常和曝光补偿配合使用。

　　使用光圈优先模式应该注意如下两个问题。

- 当光圈过大而导致快门速度超出了相机极限时，如果仍然希望保持该光圈，可以尝试降低ISO感光度的数值，或使用中灰滤镜降低光线的进入量，以保证曝光准确。

- 为了得到大景深而使用小光圈时，应该注意快门速度不能低于安全的快门速度。

操作方法：在光圈优先模式下，可以转动主拨盘调整光圈数值。

◖ 由于设置了较大的光圈，因此得到小景深的画面，花卉在虚化背景的衬托下显得更加娇美【焦距：100mm 光圈：f/3.2 快门速度：1/200s 感光度：400】

◖ 为了表现花海的气势，使用了广角镜头和较小的光圈，得到了大景深的画面【焦距：21mm 光圈：f/16 快门速度：1/500s 感光度：100】

3.2　不同大小的光圈在实拍中的应用

◉ 用大光圈提高快门速度

利用大光圈可以提高镜头的进光量，在光线较弱的环境（如阴天、日暮、室内），且需要手持相机拍摄时，可以使用较大光圈来获得较高的快门速度，从而降低由于手持相机拍摄时手部的抖动使照片发虚的可能性。

另外，在拍摄高速运动的景物，如运动中的人、体育赛场、鸟类、奔跑中的动物等题材时，使用大光圈也可以提高快门速度，以更好地定格精彩瞬间。

➡ 为了设置高速快门将雄鹰定格在画面中，因此设置了较大的光圈【焦距：500mm　光圈：f/5.6　快门速度：1/1600s　感光度：400】

◉ 用大光圈分离背景与主体

大光圈可以使画面前景、背景虚化，以很好地突出主体，在拍摄人像、花卉、昆虫等题材时最为常用。运用大光圈可得到浅景深的画面效果，使得主体清晰，虚化杂乱的周围环境，因此有利于更好地突出主体形象。

使用大光圈拍摄的照片可以把要表现的部分从周围环境中提取分离出来，因此大光圈有时也称为分离性光圈。

➡ 在户外拍摄人像时，杂乱的环境很容易干扰画面主体的表现，可通过设置大光圈来虚化周围的环境，使人物在画面中突出【焦距：85mm　光圈：f/2.8　快门速度：1/500s　感光度：100】

用小光圈表现大景深画面

通常在拍摄山景、水景、草原等风景照时，为了表现大场面的风景，会设置较小的光圈，这样可将远景与近景都表现得很清晰。

另外，拍摄纪实题材时，由于需要在画面中传达出更多的故事性信息，所以会要求画面中环境的表现更多一些，可设置较小的光圈以得到大景深的画面。因此，小光圈的景深效果旨在叙事，在实践中可将其称为叙事性光圈，主要用于需要较多照片信息的题材中。

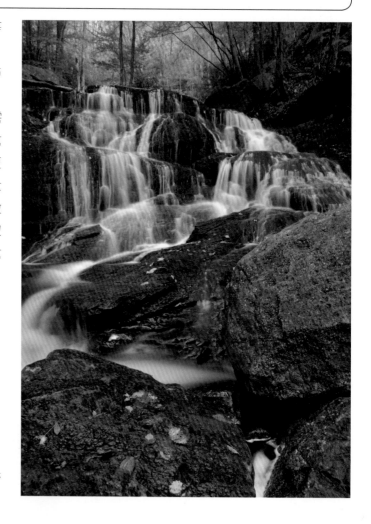

➡ 设置较小的光圈可将远近景都表现得很清晰，这样的画面看起来很有层次感【焦距：18mm 光圈：f/16 快门速度：10s 感光度：100】

用小光圈拍摄出灯光的璀璨星芒

城市夜景的建筑少不了各种灯饰的点缀，城市的夜景也因建筑灯饰的点缀而变得更加繁华。

为了使夜景画面星光璀璨，可以通过缩小光圈得到呈星芒效果的灯光。这是因为光圈收缩到一定的程度时，光线会通过光圈细小的孔洞产生衍射，从而使灯光出现四射的星芒效果，且光圈越小，光线越强烈，星芒效果越明显。但需要注意的是，光圈太小会导致快门速度下降，因此，必要时还需要配合使用三脚架。

⬆ 缩小光圈后得到星芒状效果的灯光，金色的灯光点缀在蓝色的夜幕上好像闪闪发亮的宝石【焦距：24mm 光圈：f/22 快门速度：10s 感光度：100】

Chapter *Chapter* 认识曝光要素——快门速度

04

4.1 认识快门及快门优先曝光模式（Tv）

◆ 快门的概念

快门是相机中控制光线进入相机的一种装置。当快门开始开启时，曝光开始，光线通过镜头到达相机的感光元件上，形成图像；当快门关闭时，曝光结束。

快门开启的时间被称为快门速度，在摄影中每当提及快门时通常是指快门速度。

↑ 幕帘快门组件示意图

◆ 快门速度的表示方法

快门速度用秒（s）作单位来表示，通常标示为1、2、4、8、15、30、60、125、250、1000、2000、4000、8000，其实际意义是指1s、1/2s、1/4s、1/8s、1/15s、1/30s、1/60s、1/125s、1/250s、1/1000s、1/2000s、1/4000s、1/8000s。因此标示的数值越小，实际上快门开启的时间越短，进光量也越少。

在实际拍摄时，摄影师可以根据需要调整快门速度，以获得

想要表现的画面效果。相机预设的快门速度通常为1/4000s～30s（高端相机的快门速度能达到1/8000s）。

◆ 快门优先曝光模式（Tv）

要改变快门速度，可以切换至快门优先曝光模式及全手动曝光模式，在此重点讲解前者。快门优先在Canon EOS 77D的模式转盘和液晶监视器上显示为"Tv"。

当使用快门优先曝光模式进行拍摄时，摄影师可以通过转动主拨盘从1/4000s到30s选择所需快门速度，相机会自动计算光圈的大小，以获得正确的曝光。

操作方法：按下模式转盘解锁按钮不放，然后将模式转盘转至Tv图标。在快门优先模式下，可以转动主拨盘 调整快门速度的数值。

较高的快门速度可以凝固动作或移动的主体；较低的快门速度可以形成模糊效果，从而产生动感。

提示

如果最大光圈值闪烁，表示曝光不足。需要转动主拨盘设置较低的快门速度，直到光圈值停止闪烁，也可以设置一个较高的ISO感光度数值。

提示

如果最小光圈值闪烁，表示曝光过度。需要转动主拨盘设置较高的快门速度，直到光圈值停止闪烁，也可以设置一个较低的ISO感光度。

4.2 快门速度对照片的影响

🔘 明亮与暗淡

快门的主要作用是控制相机的曝光量，在光圈不变的情况下，快门速度越慢，感光元件接受光线照射的时间越长，快门开启的时间越长，进入相机的光量越大，曝光量也越大；快门速度越快，感光元件接受光线照射的时间越短，快门开启的时间越短，进入相机的光量越少，曝光量也越小。

在光圈不变的情况下，快门速度延长一倍，相机的曝光量会相应增加一倍。例如，1/125s快门速度的曝光时间是1/250s的两倍，使用1/125s快门速度拍摄时，相机的曝光量是使用1/250s快门速度拍摄时相机的曝光量的两倍。

⬆【焦距：100mm 光圈：f/3.2 快门速度：1/10s 感光度：640】

⬆【焦距：100mm 光圈：f/3.2 快门速度：1/13s 感光度：640】

⬆【焦距：100mm 光圈：f/3.2 快门速度：1/15s 感光度：640】

⬆【焦距：100mm 光圈：f/3.2 快门速度：1/20s 感光度：640】

⬆【焦距：100mm 光圈：f/3.2 快门速度：1/25s 感光度：640】

⬆【焦距：100mm 光圈：f/3.2 快门速度：1/30s 感光度：640】

⬆【焦距：100mm 光圈：f/3.2 快门速度：1/40s 感光度：640】

⬆【焦距：100mm 光圈：f/3.2 快门速度：1/50s 感光度：640】

⬆【焦距：100mm 光圈：f/3.2 快门速度：1/60s 感光度：640】

上面展示的一组照片是在焦距、光圈、感光度都不变的情况下，分别将快门速度依次设置为1/10s、1/13s、1/15s、1/20s、1/25s、1/30s、1/40s、1/50s、1/60s时拍摄的。通过对比可以看出，快门速度为1/10s时，画面曝光有些过度，部分亮部缺少细节；快门速度为1/15s时，画面曝光偏亮，但画面整体还是有细节的；快门速度为1/20s时，画面曝光正常，画面细节丰富；快门速度为1/40s时，画面明显曝光不足，整体偏暗。这一组示例图充分展示了快门速度与曝光效果之间的关系。

动感与静止

快门速度不仅影响进光量，还会影响画面的动感效果。表现静止的景物时，快门速度的快慢对画面不会有什么影响，除非摄影师在拍摄时有意摆动镜头，但在表现动态的景物时，不同的快门速度能够营造出不一样的画面效果。

⬆ 快门速度：1/13s

⬆ 快门速度：1/5s

右侧照片是在焦距、感光度都不变的情况下，分别将快门速度依次降低所拍摄的画面。

对比这一组照片，可以看到当快门速度较快时，旋转木马被定格成为清晰的影像，但当快门速度逐渐降低时，旋转的木马在画面中渐渐变为模糊的运动线条。

⬆ 快门速度：1/4s

⬆ 快门速度：1/3s

由此可见，如果希望在画面中凝固运动对象的精彩瞬间，应该使用高速快门。拍摄对象的运动速度越高，采用的快门速度也要越快，以在画面中凝固运动对象的动作，形成一种时间凝滞不前的静止效果。

⬆ 快门速度：1/2s

⬆ 快门速度：1s

如果希望在画面中表现运动对象的动态模糊效果，可以使用低速快门，以使其在画面中形成动态模糊效果，较好地表现出动态效果，按此方法拍摄流水、夜间的车灯轨迹、风中摇摆的植物、流动的人群，均能够得到画面效果流畅、生动的照片。

⬆ 利用高速快门定格展翅欲飞的鹦鹉【焦距：300mm 光圈：f/10 快门速度：1/800s 感光度：100】

⬆ 利用低速快门可记录下呈线条状的车流轨迹【焦距：24mm 光圈：f/18 快门速度：1/2s 感光度：200】

4.3 拍摄运动对象时影响快门速度的4个因素

在设置拍摄运动对象的快门速度时，应综合考虑速度、方向、距离和焦距这4个基本要素。

◎ 速度

速度是影响动态表现的因素之一，根据不同的照片表现形式，拍摄时所需要的快门速度也不尽相同。例如，抓拍物体运动的瞬间，需要较高的快门速度；而如果是跟踪拍摄，要求的快门速度就比较低了。

◎ 方向

使用同一快门速度时，如果从运动对象的正面拍摄（通常是角度较小的斜侧面），主要记录的是对象从小变大或相反的运动过程，其动态表现通常要低于从侧面拍摄；只有从侧面拍摄才会感受到被摄对象真正的速度，其动态效果最强，因此从侧面拍摄时需要的快门速度高于从正面或角度较小的斜侧面拍摄时所使用的快门速度。

◎ 距离

相机距离运动对象越远，相对速度越低，则拍摄时所需的快门速度也越低，画面中运动对象的动态效果也越弱；而相机距离运动对象越近，那么所需的快门速度越高，照片中运动对象的动感越强烈。

◎ 焦距

使用长焦镜头拉近拍摄对象，运动主体在画面中所占的比例越大，拍摄时所需要的快门速度越高；焦距越短，主体在画面所占比例越小，其动感越弱，因此拍摄时所需要的快门速度也越低。

⬆ 为了拍到动感强烈的冲浪画面，应从下面几个方面考虑，多观察、多尝试【焦距：200mm 光圈：f/10 快门速度：1/1250s 感光度：100】

速度
设置较高的快门速度，将冲浪者跃起的瞬间清晰地定格在画面中

方向
从冲浪者的前侧面拍摄，动感效果比较突出

距离
距离冲浪者较近，使其在画面中面积较大，看起来会很有张力

焦距
使用了长焦镜头，没有纳入过多干扰画面的景物

4.4 不同快门速度在实拍中的应用

◉ 用高速快门定格决定性瞬间

高速快门可以定格高速运动中的物体，不同的高速快门适合拍摄不同的题材。例如，拍摄飞鸟、奔跑中的动物、运动场上的运动员时，通常快门速度在1/800s~1/500s就足够了。而记录子弹穿过物体这种瞬间速度更快的题材时，则需要更高的快门速度。

↑ 利用高速快门定格精彩瞬间的作品【左 焦距：300mm 光圈：f/3.2 快门速度：1/500s 感光度：200】【右 焦距：100mm 光圈：f/5.6 快门速度：1/800s 感光度：500】

◉ 用低速快门记录景物运动轨迹

如果需要在画面中表现物体的运动轨迹，通常需要设置较低的快门速度，例如，拍摄水流、烟花、闪电时，通常在6s~15s就足够了；而在拍摄旋转的摩天轮、车流光轨等题材时，则需要更低的快门速度，一般为20s~40s（当然在排除光圈、光线等因素的影响下）；倘若是拍摄星轨、流动的云彩时，快门速度则需要更低，如拍摄流云时，需要快门速度在200s以上才可以得到令人满意的效果，而拍摄天空中星星移动的轨迹则需要半个小时甚至更长的时间，画面中才会出现漂亮的光迹线条。

↑ 利用低速快门拍摄流水与烟花【左 焦距：35mm 光圈：f/8 快门速度：2s 感光度：100】【右 焦距：24mm 光圈：f/16 快门速度：10s 感光度：100】

用低速快门实现爆炸变焦摄影效果

在按下快门的同时，开始旋转镜头的变焦环改变焦距，可以获得具有特殊爆炸变焦效果的照片。要想得到这种效果，在拍摄时应尽量保持匀速转动变焦环，使变焦后形成的线条更加均匀，产生爆炸式的变焦效果。

拍摄时需要使用一支大变焦比镜头，且要使用低速快门，从而为拍摄出特别的放射变焦线条效果留出充足的曝光时间。

在拍摄时要注意以下3个要点。

- 拍摄时所使用的快门速度和变焦速度对画面起决定性作用，如果快门速度过高，而转动变焦环的速度低，则可能出现还没有完成变焦操作，曝光就已经完成的情况，此时画面中的线条比较短。而如果快门速度低、转动变焦环的速度高，则可能出现在完成变焦操作后，曝光还未完成的情况，此时画面中的线条不清晰。因此，在拍摄时需要反复调整快门速度与变焦速度，从而使画面的整体亮度、线条长度与清晰度得到平衡。

- 快门速度与旋转变焦环的速度应协调、统一。例如，在3s的曝光时间内，要从24mm端过渡到70mm端，则应提前进行简单的测试，保证旋转变焦环的过程是匀速的，以便最大限度地保证画面中的线条是直线，而不是扭曲的曲线。

- 另外，在旋转变焦环时，既可以从镜头的广角端向长焦端转动，也可以自镜头的长焦端向广角端转动，两种转动方式得到的画面各有特色，值得摄影师尝试。

⬆ 设置低速快门后，使用变焦手法表现出的爆炸效果，给人一种很强的视觉冲击力

用低速快门跟随拍摄运动对象

使用较低的快门速度，在拍摄过程中跟随运动物体保持相同的速度向同一个方向移动，画面背景上会出现流动的线条，形成追随的动感效果。

追随摄影的照片特征是运动的主体清晰，而背景却呈线状模糊，画面充满了动感的效果。快门速度越慢，线条感越明显，画面越显得动感十足。这是一种在拍摄运动物体时常用的摄影技法，如赛车、跑步、跨栏等。

如果拍摄时无法跟随拍摄对象移动，而是站在运动对象一侧，可在拍摄对象离自己比较近时，手持相机水平旋转身体，使相机能够跟随拍摄对象运动。

另外，在拍摄时要注意以下要点。

①相机的移动要在一条水平线上，眼睛随拍摄对象移动，不能前后左右晃动。

②按动快门要轻，时间不能过早或过晚。

③若不能保证准确抓拍瞬间，那么建议启用连拍模式。

④快门速度应根据运动物体的移动速度和所要追求的拍摄效果决定，一般为1/15s～1/60s，最快不能超过1/125s。

⑤采用人工智能伺服自动对焦模式，保证随时依据拍摄对象的变化进行重新对焦。

❶ 高速飞驰的跑车在远处出现时，立刻半按快门以AF追焦，手持相机并转动身体

❶开始追随　　②开始曝光　　③继续拍摄

❷ 当跑车到达自己正前面时，立即按下快门曝光，身体仍然持续转动

❸ 按下快门后，由于相机仍在曝光中，因此随着身体继续转动，并且继续拍摄

❶ 使用追随法拍摄快速行驶摩托车的人，背景拉成的虚线增加了画面动感效果【焦距：180mm　光圈：f/5.6　快门速度：1/20s　感光度：400】

❷ 用低速快门实现创意光绘画面效果

光绘摄影是最近非常流行的一种特殊拍摄手法，是指通过长时间曝光，在照片中表现黑暗中手电筒、荧光棒等发光体的移动轨迹。

在拍摄时，应找到一个几乎没有光源或光线非常少的弱光环境。但如果需要人不停地走动以绘制大面积的光线，负责绘制光线轨迹的人，应该穿着深色且不反光的衣服，以免在移动中形成"鬼影"。

由于夜间对焦非常困难，可以先使用手机、手电筒等照亮要对焦的区域，然后使用广角焦距进行拍摄，同时将光圈缩小一些。这样人物在绘制过程中如果发生位置变化，也会因拥有足够的景深而避免发生画面发虚的问题。

在拍摄时，如果光绘的形状较为简单，或绘制速度较快，可以使用25s甚至30s的低速快门。如果所需要的曝光时间比30s还长，那就应该使用B门。

【焦距：24mm 光圈：f/5 快门速度：25s 感光度：400】

【焦距：35mm 光圈：f/6.3 快门速度：35s 感光度：400】

【焦距：105mm 光圈：f/8 快门速度：2s 感光度：200】

⬆ 要想拍好光绘画面，除了需要长时间曝光和发光体的轨迹，更需要天马行空的想象力

4.5 悬念——让动态照片更吸引人的技巧

使用高速快门定格画面时，虽然有些表现动作结果的照片令人赞叹，但由于画面已经充分表现了动作的结果，因此这样的照片无法让人回味。

实际上，让画面处于一种悬念的状态更能激发观赏者的想像力。例如，在拍摄一场篮球赛时，拍摄篮球进筐的瞬间固然让人振奋，但如果能够抓拍到运动员跃起投篮的时刻更好，因为这样的画面会给观者一个悬念，即"这球是否投进去了呢？"。当拍摄的画面中还有对手在阻挡时，就能够使画面的悬念更突出，因为观者会想"这球会不会被挡出去呢？"。

在拍摄时，要尝试着表现有动态趋势的画面，这样的画面能留给观者想象与回味的空间。

⬆ 究竟哪支球队能抢到落下的篮球是这张照片的悬念，也正是其吸引人的地方【焦距：45mm 光圈：f/8 快门速度：1/800s 感光度：1000】

4.6 使用B门曝光模式控制快门速度

使用B门模式拍摄时，持续地完全按下快门按钮将使快门一直处于打开状态，直到松开快门按钮时快门被关闭，即完成整个曝光过程，因此曝光时间取决于快门按钮被按下与被释放的过程。

由于使用这种曝光模式拍摄，可以持续长时间曝光，因此特别适合拍摄光绘、天体、焰火等需要长时间曝光并手动控制曝光时间的题材。

需要注意的是，使用B门模式拍摄时，为了避免所拍摄的照片模糊，应该使用三脚架及遥控快门线辅助拍摄，若不具备条件，至少也要将相机放置在平稳的水平面上。

操作方法：在全手动曝光模式下，可以向左转动主拨盘🔆直至快门速度显示为BULB，即可切换至B门。

⬆ 在B门模式下，通过长时间的曝光记录下了星星的轨迹，画面很有科幻效果【焦距：100mm 光圈：f/7.1 快门速度：2354s 感光度：800】

4.7 与快门有关的菜单设置

◐ B门定时器

在Canon EOS 77D相机的B门模式拍摄时，可以在"B门定时器"菜单中，预设B门曝光的曝光时间，预设好拍摄所需要的曝光时间后，按下快门按钮，将开始曝光，在曝光期间可以松开手而不需要按住快门，以减少操作相机的抖动，当曝光达到所设定的时间后，则结束拍摄。

❶ 在**拍摄菜单5**中选择**B门定时器**选项

❷ 选择**启用**选项，然后点击 INFO 详细设置 图标进入调节曝光时间界面

❸ 点击选择所需数字框，然后点击 或 图标选择数值，设定完成后点击选择**确定**选项

◐ 未装存储卡释放快门

如果忘记为相机装存储卡，无论你多么用心拍摄，终将一张照片也留不下来，白白浪费时间和精力。

利用"未装存储卡释放快门"选项可防止未安装储存卡而进行拍摄的情况出现。

❶ 在**拍摄菜单1**中选择**未装存储卡释放快门**选项

❷ 选择**启用**或**关闭**选项，然后点击 SET OK 图标确定

- 启用：选择此选项，未安装储存卡时仍然可以按下快门，但照片无法被存储。
- 关闭：选择此选项，如果未安装储存卡时按下快门，则会在肩屏及取景器中显示"Card"，并且快门按钮无法被按下。

> **提示**
>
> 为了避免操作失误而导致错失拍摄良机，建议将该选项设置为"关闭"。

🔘 长时间曝光降噪

曝光的时间越长，产生的噪点就越多，此时，可以启用长时间曝光降噪功能消减画面中的噪点。

- 关闭：选择此选项，在任何情况下都不执行长时间曝光降噪功能。

- 自动：选择此选项，当曝光时间超过1s，且相机检测到噪点时，将自动执行降噪处理。此设置在大多数情况下有效。

- 启用：选择此选项，在曝光时间超过1s时即进行降噪处理，此功能适用于选择"自动"选项时无法自动执行降噪处理的情况。

❶ 在**拍摄菜单**4中选择**长时间曝光降噪功能**选项

❷ 点击可选择不同的选项，然后点击 `SET OK` 图标确定

提示

降噪处理需要时间，而这个时间可能与拍摄时间相同，并且如果在将"长时间曝光降噪功能"设置为"启用"时，若使用实时显示功能进行长时间曝光拍摄，那么在降噪处理过程中将显示"BUSY"，直到降噪完成，在这期间将无法继续拍摄照片。因此，通常情况下建议将它关闭，在需要进行长时间曝光拍摄时再开启。

⬆ 上图是未设置长时间曝光降噪功能时的局部画面，下图是启用了该功能后的局部画面，画面中的杂色及噪点都明显减少，但同时也损失了一定的细节

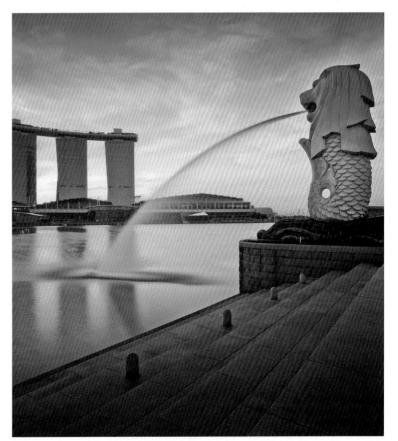

⬆ 通过长达5s的曝光拍摄到的画面【焦距：30mm 光圈：f/16 快门速度：5s 感光度：100】

◐ 反光镜预升

使用反光镜预升功能可以有效地避免由于相机震动而导致的图像模糊。在该菜单中选择所需的选项，然后再对拍摄对象对焦，完全按下快门后释放，这时反光镜已经升起，再次按下快门或经过几秒即可进行拍摄。拍摄完成后反光镜将自动落下。

① 在**设置菜单4**中选择**自定义功能**
(C.Fn) 选项

② 点击◀或▶图标选择C.FnⅢ：**自动对焦/驱动**（10）**反光镜预升**选项

③ 点击选择**启用**或**关闭**选项，然后点击 SET OK 图标确定

- ■ 关闭：选择此选项，反光镜不会预先升起。
- ■ 启用：选择此选项，完全按下快门按钮将升起反光镜，再次完全按下快门则拍摄照片。

> **提示**
>
> 当快门速度在1/30s～1/8s这个范围内、需要长时间曝光拍摄、使用长焦镜头拍摄或进行微距拍摄时，建议启用"反光镜预升"功能，以减轻机震对成像质量的影响。但要注意的是，由于反光镜被升起，相机的图像感应器将会直接裸露在光线中，因此要尽量避免太阳或强光的直射，否则可能会损坏感光元件。另外，"反光镜预升"功能会影响拍摄速度，所以通常情况下建议将其设置为"关闭"，需要时再设置为"启用"。

↑ 拍摄微距题材时，一般景深都很小，为了避免因反光镜升起的震动而影响画面的清晰度，可以使用反光镜预升功能【焦距：100mm 光圈：f/6.3 快门速度：1/200s 感光度：100】

4.8 设置"快门驱动"方式以拍摄运动或静止对象

针对不同的拍摄任务，需要将快门设置为不同的驱动模式。例如，要抓拍高速移动的物体，为了保证成功率，设置可以使相机按下一次快门后连续拍摄多张照片的功能。

Canon EOS 77D提供了单拍□、高速连拍□H、低速连拍□、10秒自拍/遥控ᵢ☉、2秒自拍☉₂及连拍自拍☉c等驱动模式，下面分别讲解它们的使用方法。

⬡ 单拍模式

在单拍模式下，每次按下快门时，都只拍摄一张照片。单拍模式适用于拍摄静止或运动幅度不大的对象，如风光、建筑、静物等题材。

操作方法：按下ᵢ☉□按钮，使用◀、▶方向键在速控屏幕中选择需要的驱动模式。

⬆ 适合使用单拍模式的各种静止或运动幅度不大的对象

◎ 连拍模式

　　在连拍模式下，每次按下快门时将连续拍摄多张照片。Canon EOS 77D提供了两种连拍模式，高速连拍模式（▢H）的最高连拍速度能够达到约6张/秒；低速连拍模式（▢）的最高连拍速度能达到约3张/秒。

　　连拍模式适用于拍摄运动对象，当将被摄对象的连续动作全部抓拍下来以后，可以从中挑选满意的画面。

↑ 使用连拍驱动模式抓拍蜂鸟采食花蜜的精彩画面

提示

　　由于Canon EOS 77D有临时存储照片的内存缓冲区，因此在记录照片到存储卡的过程中可继续拍摄。受内存缓冲区大小的限制，最多可持续拍摄照片的数量是有限的。

　　连拍速度在以下情况可能会变慢：当剩余电量较低时，连拍速度会下降；在人工智能伺服自动对焦模式下，因主体和使用的镜头不同，连拍速度可能会下降；当选择了"高ISO感光度降噪功能"或在弱光环境下，即使设置了较高的快门速度，连拍速度也可能变慢。

　　在最大连拍数量少于正常值时，如果相机在中途停止连拍，可能是"高ISO感光度降噪功能"被设置为"强"导致的，此时应该选择"标准""弱"或"关闭"选项。因为当启用"高ISO感光度降噪功能"时，相机将花费更多时间进行降噪处理，因此将数据转存到储存空间的耗时会更长，相机在连拍时更容易被中断。

◉ 自拍模式

Canon EOS 77D相机提供了3种自拍模式，可满足不同的拍摄需求。

■ 10秒/遥控自拍：在此驱动模式下，可以在10秒后进行自动拍摄。此驱动模式支持与遥控器搭配使用。

■ 2秒自拍：在此驱动模式下，可以在2秒后进行自动拍摄。

■ 连拍自拍：在此驱动模式下，可以在10秒后自动进行连拍，用户可以指定连拍的数量。

值得一提的是，所谓的"自拍"驱动模式并非只能用于给自己拍照。例如，在需要使用较低的快门速度拍摄时，我们可以将相机置于一个稳定的位置，并进行变焦、构图、对焦等操作，然后通过设置自拍驱动模式的方式，避免手按快门产生震动，进而拍出令人满意的照片。

↑ 使用相机的自拍模式就可以跟朋友拍亲密合影了【焦距：45mm 光圈：f/8 快门速度：1/200s 感光度：400】

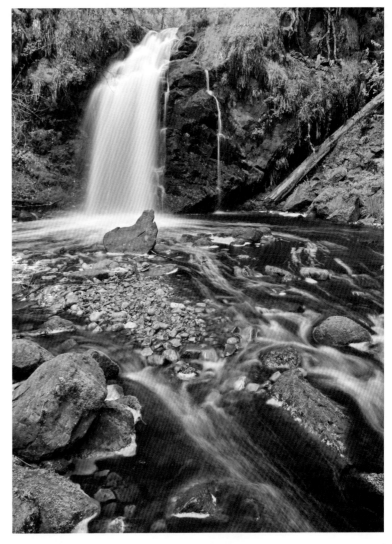

➔ 长时间曝光拍摄瀑布时，可使用三脚架固定相机并设置成自拍模式，避免手按快门产生震动，得到清晰的流水画面，在拍摄时为了延长曝光时间，在镜头前面加装了中灰镜【焦距：24mm 光圈：f/16 快门速度：7s 感光度：100】

Chapter 认识曝光要素——感光度

05

5.1 认识感光度

感光度的概念

数码单反相机感光度的概念是从传统胶片感光度引入的，是指用一个具体的感光度数值来表示感光元件对光线的敏感程度，即在其他条件相同的情况下，感光度数值越高，单位时间内相机的感光元件感光越充分。

但要注意的是，感光度越高，画面产生的噪点就越多；低感光度画面则清晰、细腻，细节表现较好。

操作方法：按下**ISO**按钮，转动主拨盘 🗝即可调整感光度数值。

⬆ ISO 250拍摄的效果

⬆ ISO 320拍摄的效果

⬆ ISO 400拍摄的效果

⬆ ISO 500拍摄的效果

⬆ ISO 640拍摄的效果

⬆ ISO 800拍摄的效果

⬆ ISO 1000拍摄的效果

⬆ ISO 1250拍摄的效果

上面展示的一组照片是在其他曝光因素不变的情况下，增大ISO数值的拍摄效果，可以看出来由于感光元件的敏感度提高，相同曝光时间内，使用高ISO拍摄的曝光更加充分，因此画面显得更明亮。

Canon EOS 77D的感光度范围

对于Canon EOS 77D来说，当感光度数值在ISO 800以下时，均能获得出色的画质；当感光度数值在ISO 800~ISO 1600时，Canon EOS 77D的画质比低感光度时略有降低，但仍可以用良好来形容；当感光度数值增至ISO 3200~ISO 6400时，虽然画面的细节还比较好，但已经有明显的噪点了，尤其在弱光环境下表现得更为明显；当感光度增至ISO 25600时，画面中的噪点和色散已经变得很严重，因此，除非必要，一般不建议使用ISO 3200以上的感光度数值。

根据笔者的使用经验，在充足的光照条件下，ISO 1600是Canon EOS 77D相对实用的最高感光度。

◉ 高低感光度的优缺点分析

高低不同的 ISO 感光度有各自的优点和缺点。在实际拍摄中会发现，没有哪个级别的感光度可以适合每种拍摄状况。所以，如果一开始便知道在什么情况下应该使用哪个级别的 ISO（低、中、高），就能最大限度地发挥相机性能，拍出优秀的照片。

低ISO（ISO 100~ISO 200）

优点及适用题材： 使用低感光度可以获得质量很高的影像，照片的噪点很少。因此，如果追求高质量影像，应该使用低感光度。使用低感光度会延长曝光时间，即降低快门速度。在拍摄需要有动感模糊效果的丝滑水流、行云时，通常要用低感光度降低快门速度，获得较好的动感效果。

缺点及不适用题材： 在弱光环境下手持相机进行拍摄时，如果使用低感光度会造成画面模糊。因为，在此情况下曝光时间必然会被延长，而在这段曝光时间内，除非摄影师具有超常平衡能力，否则就会因为其手部或身体的轻微抖动，导致拍摄瞬间相机脱焦，换言之，拍摄出来的照片焦点必然是模糊的。

⬆ 在拍摄日落景象时，为了得到精细的画质，设置了较低的感光度，画面中可以看出天空丰富的色彩和细腻的层次，对称式构图也增加了画面宁静的氛围【焦距：20mm 光圈：f/11 快门速度：2s 感光度：100】

高 ISO（ISO 500 以上）

优点及适用题材： 高感光度适用于在弱光环境下手持相机拍摄，与前面讲述的情况相反，由于高感光度缩短了曝光时间，因此降低了由于摄影师抖动导致照片模糊的可能性。另外，也适用于需要较高快门速度来定格快速移动主体的题材，例如飞鸟、运动员等。此外，可以使用高ISO为照片增加噪点的特性，来增添照片的胶片感、厚重感，或提升拍摄对象的粗糙感。

缺点及不适用题材： ISO越高，噪点越多，影像的清晰度越差，影像之间的过渡越不自然，因此不适用于拍摄高调风格照片及追求高画质的题材，如雪景、云雾、人像。

⬆ 通过设置较高的感光度来得到高速快门，将空中飞翔的天鹅清晰地抓拍了下来【焦距：300mm 光圈：f/4 快门速度：1/1250s 感光度：1600】

5.2 感光度的设置原则

由于感光度对画质影响很大，因此在设置感光度时要把握住一定的原则，从而在最大程度上，既保证画面曝光充足，又不至于影响画面质量。

根据光照条件来区分

①如果拍摄时光线充足，例如，在晴天或薄云的天气拍摄时，应该将感光度控制为较低的数值，感光度一般都设置为ISO 100~ISO 200。

②如果拍摄时是在阴天或者下雨的室外，推荐使用ISO 200~ISO 400。

③如果拍摄时是在傍晚或者夜晚的灯光下，推荐使用ISO 400~ISO 800。

根据所拍摄的对象来区分

①如果拍摄的是人像，为了使拍摄出的人物有细腻的皮肤质感，推荐使用较低的感光度，如ISO 100、ISO 200。

②如果拍摄对象需要长时间曝光，如拍摄流水或者夜景时，也应该使用相对低的感光度，如ISO 50、ISO 100。

③如果拍摄的是高速运动的主体，为了在安全快门内拍到清晰图像，应该尝试将感光度设置为ISO 3200或ISO 6400，以获得更高的快门速度。

总体原则

如果是记录性质的拍摄，感光度设置总原则是先拍到再拍好，即优先考虑使用高感光度，以避免由于感光度低，导致快门速度也比较低，从而拍摄出模糊的照片。因为画质损失可通过后期处理来弥补，而画面模糊则意味着拍摄失败，是无法补救的。

如果拍摄的目的是商业用途性质，照片的画质处于第一位，感光度设置原则应该是先拍好再拍到，如果光线不足以支持拍摄时使用较低感光度，宁可放弃拍摄。

需要特别指出的是，在光线充足与不足的环境中分别拍摄时，即使是设置相同的ISO感光度，在光线不足的环境拍摄的照片也会产生很多的噪点，如果此时再设置较长的曝光时间，就更容易产生噪点。因此，在弱光环境下拍摄，更需要设置低感光度，并配合高感光度降噪和长时间曝光降噪功能来获得较高的画面质量。

⬆ 左侧大图是在傍晚弱光环境下拍摄的，由于光线较弱，虽然使用的是ISO 200的感光度，截取局部画面与右上方拍摄光线充足的石峰相比，仍然产生了大量的噪点【焦距：17mm 光圈：f/14 快门速度：300s 感光度：200】

5.3 不同感光度在实拍中的应用

◑ 用高感光度提高快门速度拍摄运动中的动物

为了拍摄到清晰的运动中的动物照片，应尽量使用较高的快门速度。由于拍摄时通常要在画面中表现其生活环境，因此不宜使用过大光圈。在这种情况下，要提高快门速度，只有提高感光度这一种方法可行。

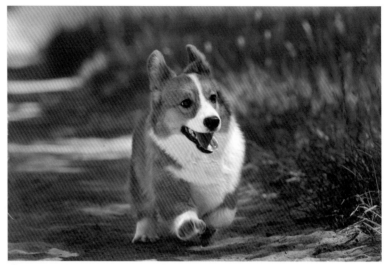

⬆ 拍摄奔跑的小狗时，为了提高快门速度，可使用较高的感光度【焦距：200mm 光圈：f/6.3 快门速度：1/500s 感光度：800】

◑ 用低感光度得到较慢的快门速度拍摄流水

如果在光线充足的环境中需要较慢的快门速度时，可通过降低感光度来实现。

例如，在拍摄瀑布或水流时，经常会遇到快门速度不够慢的情况，尤其是在环境光线较强时，有时即便已使用最小光圈，也无法达到较低的快门速度。

此时可以通过降低感光度数值来降低快门速度。Canon EOS 77D可用的最低感光度为ISO 100，换言之，如果将感光度设置为100，快门速度仍然不够低，就需要使用其他方法了，如在镜头前加装中灰镜。

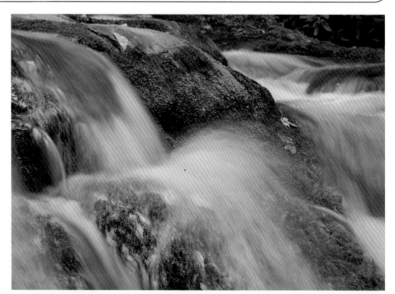

⬆ 在拍摄流动的水时，可通过降低感光度来延长曝光时间，以得到雾状效果的水景【焦距：100mm 光圈：f/13 快门速度：1.5s 感光度：100】

5.4 与感光度有关的菜单设置

⚙ 高ISO感光度降噪功能

　　利用高ISO感光度降噪功能能够有效地降低图像的噪点。在使用高ISO感光度拍摄时的效果尤其明显，而且即便是使用低ISO感光度拍摄，图像阴影区域的噪点也会进一步降低。在"高ISO感光度降噪功能"菜单中共有5个选项，可以根据噪点的等级来改变其设置。

　　需要指出的是，当将"高ISO感光度降噪功能"设置为"强"时，相机的连拍速度将大大降低。

提示

　　对于喜欢采用RAW格式存储照片或者连拍的用户，建议关闭该功能，尤其是将降噪标准设为"强"时，将大大影响相机的连拍速度；对于喜欢直接使用相机打印照片或者采用JPEG格式存储照片的用户，建议选择"标准"或"弱"；如果对快门速度要求较高，可关闭此功能。

❶ 在**拍摄菜单4**中选择**高ISO感光度降噪功能**选项

❷ 选择不同的选项，然后点击 SET OK 图标确定

⬆ 上图是未开启"高ISO感光度降噪功能"放大后的局部画面，下图是启用了该功能放大后的局部画面，画面中的杂色及噪点都有明显的减少，同时也损失了一些细节

◀ 利用ISO 1600高感光度拍摄并进行高ISO感光度降噪后得到的照片效果【焦距：100mm 光圈：f/20 快门速度：6s 感光度：1600】

光线多变的情况下灵活使用自动感光度功能

Canon EOS 77D的自动ISO感光度功能非常强大、好用，不仅可以在M挡下使用，并且能够设置最低和最高ISO感光度及最低的快门速度。许多摄影师都没有意识到这实际上是一个非常实用的功能，因为它可以实现拍摄时让光圈、快门速度同时优先的目标。

其操作方法很简单，先切换到M挡手动曝光模式下，设置拍摄某一题材必须要使用的光圈及快门速度，然后将感光度设置为AUTO（即自动感光度），相机即可根据光线强度以及摄影师设定的光圈、快门速度，选择合适的ISO感光度数值。

例如，在拍摄婚礼现场时，摄影师需要灵活移动才能捕捉到精彩的瞬间，因此很多时候无法使用三脚架。而现场的光线又忽明忽暗，此时如果使用快门优先模式，则有可能出现镜头最大光圈无法满足曝光要求的情况；而如果使用光圈优先模式，又有可能出现快门过慢导致照片模糊的情况。因此，使用自动感光度功能并将快门设为安全快门，就能够灵活使用Canon EOS 77D强大的高感光度低噪点功能从容拍摄。

当ISO感光度选择"自动"选项时，可以通过"ISO自动"选项，将自动ISO的最大值设置为ISO 400~ISO 25600，最小感光度默认值为ISO 100。

❶ 在**拍摄菜单**2中选择ISO**自动**选项

❼ 点击选择一个最高值选项，然后点击 SET OK 图标确定

⬆ 在婚礼摄影中，无论是在光线较弱的室内，还是在灯光明亮的宴会大厅拍摄，使用自动感光度功能都能够得到相当不错的拍摄效果

Chapter 准确测光

06

6.1 认识测光

测光是相机对光线状况的评估，测光的结果可以左右画面的情绪和风格，要做到准确测光，需要了解测光原理、测光模式及测光工具。

简单地说，相机是以18%中性灰的测光原理来确定曝光参数的，此内容将在下面小节中详细讲解。

测光模式是指后面章节将要详细讲解到的评价测光、中央重点平均测光、点测光和局部测光这4种测光模式。

测光的工具实际上只有两种，一种是专业的测光表，普通摄影爱好者使用较少；另一种是相机内置的测光表，这是绝大多数摄影爱好者都在使用的测光工具。

通过测光，摄影师即可获得相机推荐的光圈与快门设置组合，并由此确定照片的基调，是高调照片还是低调照片，对比是否更明显，色彩是否更浓郁等。

6.2 18%灰度测光原理

数码单反相机的测光是依靠场景物体的平均反光率来确定的，除了反光率比较高的场景（如雪景、云景）及反光率比较低的场景（如煤矿、夜景），其他大部分场景的平均反光率都在18%左右，而这一数值正是灰度为18%的物体的反光率。

因此可以将测光原理简单理解为：当所拍摄场景中物体的反光率接近于灰度为18%的物体时，测光就是正确的。

了解18%灰度的测光原理，有助于摄影师在拍摄时更灵活地测光。通常水泥墙壁、灰色的水泥地面、人的手背等物体的反光率都接近18%，因此在拍摄光线复杂的场景时，可以在环境中寻找反光率在18%左右的物体进行测光，这样拍摄出来的照片，其曝光基本是正确的。

6.3 利用灰卡进行准确测光

灰卡是一张被印刷成灰色的小小的卡片，反光率与18%灰度相同。借助于灰卡可避免受环境中深色和浅色景物的干扰，获得精准的测光数据。

在拍摄时，将其放置在拍摄对象旁边，使其

与拍摄对象处于相同的光照条件。对其进行测光后，锁定曝光参数，然后撤去灰卡，重新对焦并按下快门完成拍摄。

灰卡

⬆ 在户外使用灰卡时，应将灰卡放置在拍摄对象的旁边，确保灰卡与其受到相同的光照。然后再利用相机对灰卡进行测光（建议使用点测光），最终获得精准的测光数据

6.4 测光系统的缺陷

如前所述，相机测光系统的测光原理是将测光区域内的画面转换为灰度，然后与18%灰度进行比较，如果被测画面比18%灰度更暗，相机会提高画面整体的曝光量；如果被测画面比18%灰度更亮，相机则会降低画面整体的曝光量。

通常情况下，相机的测光系统是可以准确测光的，但是由于测光系统无法分辨灰度画面中哪些是反射的光线，哪些是拍摄对象的色彩，因此，当拍摄对象的反光率远远高于18%或是远远低于18%时，就会出现测光不准的情况。这种情况通常在拍摄较暗的照片（如日落场景）及较亮的场景（如雪景）时发生。如果要验证这一点，

可以采取如下所讲述的方法。

对着一张白纸测光，然后按照相机自动测光所给出的光圈快门组合直接拍摄，则得到的照片中白纸看上去更像是灰纸，这是由于照片曝光不足。因此，拍摄反光率大于18%灰度的场景（如雪景、雾景、云景）或有较大白色物体的场景时，需要增加曝光补偿值。

而对着一张黑纸测光，然后按照相机自动测光所给出的光圈快门组合直接拍摄，则得到的照片中黑纸也好像是一张灰纸，这是由于照片曝光过度。因此，如果拍摄的场景的反光率低于18%灰度，需要减少曝光，即做负向曝光补偿。

灰背景情况下，反光亮度大约为18%灰度，以相机自动曝光拍摄，曝光大致准确，灰色背景维持灰色

白背景情况下，反光亮度远高于18%灰度，以相机自动曝光拍摄，曝光严重不足，白色背景变为灰色

黑背景情况下，反光亮度远低于18%灰度，以相机自动曝光拍摄，曝光严重过度，黑色背景变为灰色

6.5 测光的关键性步骤

如果希望获得正确的曝光参数组合，必须要把握两个关键性测光步骤，即选择测光模式与确定测光点位置。

◐ 选择测光模式

测光模式决定了相机测光系统的工作方式，在拍摄绝大多数不同类型的摄影题材时，选择不同的测光模式将会得到不同的曝光参数组合。例如，在光圈优先模式下，当摄影师指定光圈及ISO感光度数值后，相机会根据不同的测光模式确定快门速度。

因此，每一个摄影师都必须明白不同的测光模式是如何影响曝光参数，如何影响拍摄出来的照片影调的。

◐ 确定测光位置

除非使用的是评价测光模式，否则摄影师必须要选择正确的测光位置，选择不同的测光位置得到的测光结果大不相同。需要特别注意的是，虽然大多数情况下测光位置与对焦位置是相同的，但也有不少例外。例如，当摄影师想将一个对象拍成剪影时，必须要将更亮的位置确定为测光点，而对焦位置仍然在拍摄对象上。

提示

由于佳能系列相机中，除了1D系列外，其他单反相机的测光区域恒定在相机中央对焦点区域，因此在测光时一定要先用中央对焦点对准要测光的区域，再按下 ✱ 键锁定曝光参数，最后重新对焦、构图、拍摄。

◐ 对天空较亮处测光，可得到剪影效果的画面
【焦距：200mm 光圈：f/16 快门速度：1/1000s 感光度：100】

6.6 4种测光模式及各自适合拍摄的题材

评价测光 ⊙

　　评价测光是最常用的测光模式，在场景智能自动曝光模式下，相机默认采用的就是评价测光模式。采用该模式测光时，相机会将画面分为63区进行平均测光，此模式最适合拍摄日常及风光题材的照片。

　　值得一提的是，该测光模式在手选单个对焦点的情况下，对焦点可以与测光点联动，即对焦点所在的位置为测光位置。在拍摄时善加利用这一点，可以为我们带来很大的便利。

操作方法：按下回按钮进入速控屏幕，然后点击测光模式图标，再按◀或▶方向键选择需要的测光模式。

⬆ 评价测光模式示意图

⬇ 拍摄环境受光较均匀，因此选择评价测光得到曝光合适的画面，这也是风光摄影中常用的测光方式【焦距：95mm 光圈：f/4 快门速度：1/1600s 感光度：400】

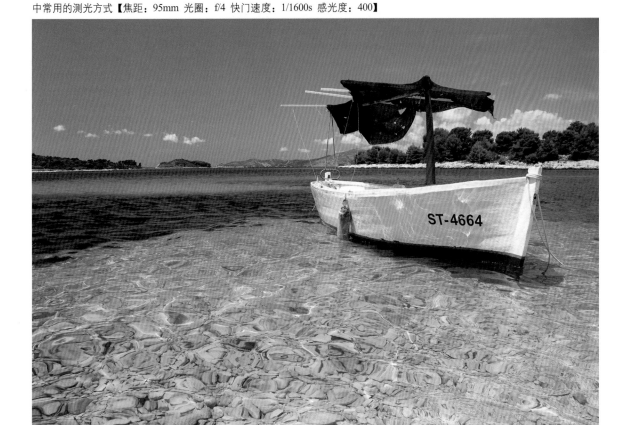

中央重点平均测光 []

　　在中央重点平均测光模式下，测光会偏向取景器的中央部位，但同时也会兼顾其他部分的亮度。

　　由于测光时能够兼顾其他区域的亮度，因此该模式既能实现画面中央区域的精准曝光，又能保留部分背景的细节。

　　这种测光模式适合拍摄主体位于画面中央主要位置的场景，在人像摄影中常使用这种测光模式。

⬆ 中央重点平均测光模式示意图

⬆ 当人物处于画面的中心位置时使用中央重点平均测光模式，可以得到人物曝光合适的画面【焦距：85mm 光圈：f/1.8 快门速度：1/200s 感光度：320】

◉ 局部测光 📷

局部测光的测光区域约占画面比例的6%。当主体占据画面面积较小，又希望获得准确的曝光时，可以尝试使用该测光模式。

⬆ 局部测光模式示意图

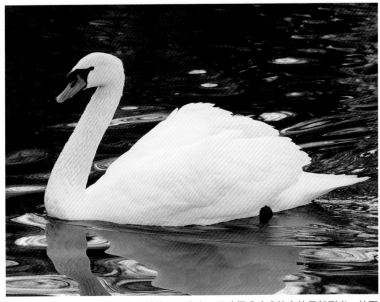

⬆ 表现暗背景的水禽时，由于其体积不太大，可选择准确度较高的局部测光，从而获得曝光合适的照片【焦距：35mm 光圈：f/3.5 快门速度：1/1250s 感光度：800】

◉ 点测光 🔘

点测光也是一种高级测光模式，相机只对画面中央区域的很小部分（也就是光学取景器中央对焦点周围约3.5%的小区域）进行测光，因此具有相当高的准确性。当主体和背景的亮度差较大时，最适合使用点测光模式拍摄。

由于点测光的测光面积非常小，因此在实际使用时，一定要准确地将测光区域对准在希望准确曝光的对象的某个局部上。

⬆ 点测光模式示意图

⬆ 为了对逆光的儿童精确测光，可选择点测光模式，使其在暖黄色的背景中更加突出【焦距：200mm 光圈：f/5.6 快门速度：1/3200s 感光度：1600】

Chapter 玩转曝光补偿

07

7.1 需要进行曝光补偿的两种情况

顾名思义，曝光补偿是对曝光参数所进行的调整。许多摄影爱好者初次接触曝光补偿概念时，往往对此概念感到很迷惑，认为自动测光系统能够获得准确的曝光参数，无须进行曝光补偿。但实际上，至少在下述两种情况下需要进行曝光补偿设置，以纠正相机自动曝光系统获得的曝光参数。

❀ 纠正由于相机缺陷出现的曝光偏差

受到相机自身测光系统缺陷的影响，当拍摄大面积云、雾、雪或黑色墙壁、森林等景物时，相机给出的曝光组合往往是错误的，这是相机自身功能的局限所造成的，与摄影师的技术水平无关。

因此，摄影师要掌握曝光补偿的原理与规律，通过增加或减少曝光补偿，使所拍摄的景物重新得到正确的曝光。

❀ 获得个性化曝光效果

通过调整曝光补偿数值，可以改变照片的曝光效果，从而使所拍摄的照片传达出摄影师的表现意图。例如，通过增加曝光补偿使照片轻微曝光过度，以得到柔和的色彩与浅淡的阴影，使照片有轻快、明亮的效果；或通过减少曝光补偿，使照片变得阴暗。

在拍摄时，是否能够主动运用曝光补偿技术，是判断一位摄影师是否真正理解摄影的光影奥秘的标志之一。

↑ 拍摄剪影画面时，为了使剪影的效果更明显，可适当地减少曝光补偿【焦距：25mm 光圈：f/7.1 快门速度：1/1250s 感光度：800】

提示

虽然曝光过度或不足的数码照片可以用软件进行后期弥补，但后期处理的效果总是不如在最初拍摄时一步到位的好，而且如果拍摄时曝光误差太大（如±2挡的误差），在后期也很难调整出令人满意的效果，因此不可以迷信"后期万能"的说法，还是应该尽量在前期拍摄时，通过调整曝光参数获得令人满意的曝光效果。

7.2 设置曝光补偿

通过设置曝光补偿，可以在现有测光数据的基础上进行曝光（可以直观地理解成亮度）的增减。

曝光补偿通常用类似"±nEV"的方式来表示。"EV"是指曝光值，"+1EV"是指在自动曝光的基础上增加1挡曝光；"–1EV"是指在自动曝光的基础上减少1挡曝光，依此类推。Canon EOS 77D的曝光补偿范围在–5.0EV~+5.0EV，并以1/3级或1/2级为单位调节。

换而言之，可以在自动曝光的基础上，最小降低或提高1/3挡曝光值，最大可以降低或提高5挡曝光值。

下面展示了设置不同挡曝光补偿值时照片的变化。

操作方法：将模式转盘转至P、Tv或Av位置，半按快门按钮，然后转动速控转盘○即可调节曝光补偿值。

曝光补偿为–1/3EV时的拍摄效果

曝光补偿为+1/3EV时的拍摄效果

按相机自动测光系统给出的曝光参数进行曝光的照片

曝光补偿为–1EV时的拍摄效果

曝光补偿为+1EV时的拍摄效果

需要特别指出的是，曝光补偿并不是一个孤立存在的调整参数，调整曝光补偿的同时，相机实际上是通过调整光圈或快门速度来完成这一设置的，关于这一点，在下面的小节将有详细讲解。

提示

虽然可以在±5级之间设定曝光补偿，但取景器和液晶显示屏上的曝光补偿指示标尺只能显示±3级，如果设定超过±3级的曝光补偿，应该按Q按钮，在液晶监视器中操作。

7.3 正确理解曝光补偿

许多摄影初学者在刚接触曝光补偿时，以为使用曝光补偿可以在曝光参数不变的情况下提亮或加暗画面，这个认知是错误的。实际上，曝光补偿是通过改变光圈与快门速度来提高或加暗画面的。

◐ Av挡下曝光补偿对快门速度的影响

在光圈优先曝光模式下，如果提高曝光补偿，相机实际上是通过降低快门速度实现的；反之会提高快门速度。

从右侧这组照片的参数可以看出，在光圈优先曝光模式下，改变曝光补偿实际上是改变了快门速度。

↑【焦距：24mm 光圈：f/2.8 快门速度：1/20s 感光度：2500】

↑【焦距：24mm 光圈：f/2.8 快门速度：1/13s 感光度：2500】

↑【焦距：24mm 光圈：f/2.8 快门速度：1/10s 感光度：2500】

↑【焦距：24mm 光圈：f/2.8 快门速度：1/6s 感光度：2500】

◐ Tv挡下曝光补偿对光圈大小的影响

在快门优先曝光模式下，如果提高曝光补偿，相机实际上是通过增大光圈实现的（直至达到镜头所标识的最大光圈）；反之会缩小光圈。

在此需要特别指出的是，由于在快门优先曝光模式下提高曝光补偿是通过加大光圈来实现的，因此当光圈达到镜头所标识的最大光圈时，曝光补偿就不再起作用。

从右侧这组照片的参数可以看出，在快门优先曝光模式下，改变曝光补偿实际上是改变了光圈的大小。

↑【焦距：100mm 光圈：f/9 快门速度：1/40s 感光度：1250】

↑【焦距：100mm 光圈：f/7.1 快门速度：1/40s 感光度：1250】

↑【焦距：100mm 光圈：f/5.6 快门速度：1/40s 感光度：1250】

↑【焦距：100mm 光圈：f/4.5 快门速度：1/40s 感光度：1250】

7.4 曝光补偿的设置原则——白加黑减

在调整曝光补偿时，应当遵循"白加黑减"的原则，即拍摄浅色的对象时（比如白雪），相机的测光结果常常使照片颜色偏灰，此时增加曝光补偿可以拍摄到颜色洁白的雪；在拍摄深色对象时，尤其是纯黑的对象时，相机很容易将其拍摄成深灰色，此时应该减少曝光补偿，从而拍摄到纯黑的颜色。

这里所指的"白加"并不是单指白色对象，而是泛指那些颜色较浅，反光率较高的对象，同理，"黑减"也并不是指黑色的对象，而是泛指那些颜色较深，反光率较低的对象。

下面列举了比较典型的适合使用"白加黑减"原则进行拍摄的对象。

7.5 曝光补偿在实拍中的典型应用

💿 增加曝光补偿拍出白皙皮肤的人像

对人像摄影来说，曝光补偿增加+0.3EV~+0.7EV，可以拍出漂亮的人像肤色。方法是针对皮肤来测得曝光值（尤其是使用点测光方式对皮肤进行测光时更为准确），再增加一定的EV数值，可以使皮肤看起来更白皙。

以上仅针对拍摄美女、儿童而言，如果要拍摄老人或黑色、棕色皮肤的人种，或身处矿山、煤井中的人，应该做负向曝光补偿，使其皮肤的色彩看上去更饱和、更深，以突出这类人群本身的年龄、人种、职业特性。

➡ 为了使女孩的皮肤看起来更加白皙、通透，因此在拍摄时增加了1挡曝光补偿，使其在画面中看起来非常青春、靓丽【焦距：200mm 光圈：f/3.5 快门速度：1/320s 感光度：100】

💿 增加曝光补偿还原曝光正确的雪景

由于雪的光线反射率很高，如果按照相机给出的测光值曝光，会导致拍摄出的雪偏灰色，所以拍摄雪景时一般都要使用曝光补偿功能对曝光进行修正，通常需要增加0.3挡~2挡曝光补偿。

需要注意的是，并不是所有的雪景都需要进行曝光补偿，如果所拍摄的白雪面积较小，则无需进行曝光补偿处理。

⬆ 拍摄雪景时增加了2挡曝光补偿，得到明亮的画面，遍地的白雪在蓝天的衬托下看起来非常干净、明亮【焦距：18mm 光圈：f/8 快门速度：1/250s 感光度：100】

◐ 减少曝光补偿使画面色彩更浓郁

曝光参数对画面色彩的影响很大，曝光越充分，画面中景物的颜色越明亮、轻淡；反之，如果曝光不够充分，则画面中景物的颜色会显得深暗、浓郁。

因此，在正常曝光的基础上适当降低曝光补偿，可以让拍摄对象的色彩看起来更加浓郁。

如果拍摄的是蓝天，可以通过减少曝光补偿，使画面中的天空看上去更蓝；而如果拍摄的是花卉，则可以通过减少曝光补偿，使画面中花朵的色彩看上去更加浓艳。

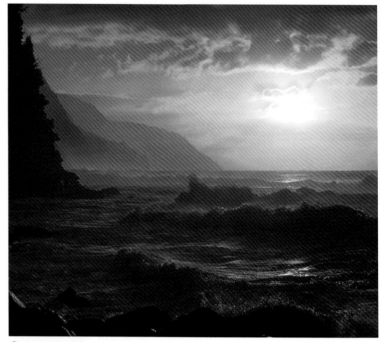

↑ 拍摄夕阳晚景时，减少1挡曝光补偿后可看出画面中的天空颜色更加橘红，最后一抹金灿灿的光线也更加突出【焦距：200mm 光圈：f/9 快门速度：1/1000s 感光度：100】

◐ 减少曝光补偿拍摄出背景深暗简洁的画面

在拍摄花卉、静物时，为了使画面更简洁，可以使用点测光模式对准前景处拍摄对象相对较亮的区域进行测光，从而保证拍摄对象的曝光是准确的，然后通过对照片做负向曝光补偿，使背景因曝光不足被压暗，甚至成纯黑色，从而突显前景处的拍摄主体。

由于背景没有被光照射到，减少曝光补偿后可使背景几乎成黑色，将花卉的颜色衬托得更鲜艳【焦距：100mm 光圈：f/5 快门速度：1/320s 感光度：200】

◉ 利用减少曝光补偿强调剪影效果

拍摄逆光作品时，通过曝光控制既可以表现出整体环境包括细节之处，也可以把画面处理成剪影的形式，前者需要增加曝光补偿，而后者则需要减少曝光补偿。

实际拍摄时，可以按下面的步骤操作。

（1）根据要拍摄的场景及要体现的剪影的深暗程度设定一个曝光补偿数值，如−2EV。

（2）对准天空中较亮的云彩或水面细节进行测光，使这一部分在画面中正确曝光，呈现出一定的细节。

（3）按自动曝光锁按钮✱锁定曝光参数。

（4）移动相机重新构图。

（5）将焦点对焦于拍摄主体，按下快门，完成拍摄任务。

（6）预览照片，根据效果调整曝光补偿数值，然后重新拍摄，直至得到满意的效果。

拍摄时，还可以通过将白平衡设置为"阴天"或"荧光灯"模式，为画面增加气氛。

↑ 为了使剪影效果更明显，在拍摄时减少了曝光补偿，也使雾气的效果更突出
【焦距：175mm 光圈：f/5 快门速度：1/20s 感光度：100】

光线
由于色温非常低，借助于氤氲的雾气营造出浪漫的氛围，非常适合用来表现层峦叠嶂的山峦

亮度
由于此时的光照效果已经很弱了，环境当中的很多细节之处不能很好地表现出来，在这种状况下，就大胆尝试减少曝光补偿的设置，并因此强调了阴影中的景象。如果不采用减少曝光补偿的方式，天空毫无细节，画面看起来很苍白

色调
将白平衡设为"荧光灯"模式，使得画面呈现出梦幻的淡紫色

对焦
由于画面景深较大，而拍摄环境的光线又较弱，因此应该把对焦点置于镜头的无限远

7.6 掌握无需补偿曝光的全手动曝光模式（M）

全手动曝光模式（M）的优点

当使用全手动曝光模式（M）进行拍摄时，相机的所有智能分析、计算功能将不工作，所有拍摄参数都由摄影师手动设置。

使用M挡全手动曝光模式拍摄有以下优点。

- 首先，使用M挡全手动曝光模式拍摄时，当摄影师设置好恰当的光圈、快门速度后，即使移动镜头进行再次构图，光圈与快门速度的数值也不会发生变化，这一点不像其他曝光模式，在测光后需要进行曝光锁定，才可以进行再次构图。

- 其次，使用其他曝光模式拍摄时，往往需要根据场景的亮度，在测光后进行曝光补偿操作；而在M挡全手动曝光模式下，由于光圈与快门速度的数值都由摄影师来设定，因此设定的同时就可以将曝光补偿考虑在内，从而省略了曝光补偿的设置过程。拍摄时，摄影师可以按自己的想法让影像曝光不足，以使照片显得较暗，给人忧郁的感觉；也可以让影像曝光过度，以拍摄出明快的高调照片。

- 另外，在摄影棚使用频闪灯或外置的非专用闪光灯拍摄时，由于无法使用相机的测光系统，需要使用闪光灯测光表或通过手动计算来确定正确的曝光值，此时就需要手动设置光圈和快门速度，从而获得正确的曝光。

操作方法：在全手动曝光模式下，转动主拨盘📷可以调节快门速度值，转动速控转盘◎可以调节光圈值。

⬇ 这组图片是在室内拍摄的，由于光照条件基本相同，所以使用M挡设置好曝光参数之后，就可以把注意力集中在模特的动作和表情上，使拍摄变得更加方便

【焦距：85mm 光圈：f/5.6快门速度：1/320s 感光度：100】

【焦距：85mm 光圈：f/5.6 快门速度：1/320s 感光度：100】

判断曝光状况的方法

为避免出现曝光不足或曝光过度的问题，Canon EOS 77D相机提供了提醒功能，即在曝光不足或曝光过度时，可通过观察速控屏幕和取景器中的曝光量指示标尺的情况来判断是否需要修改当前的曝光参数组合，以及应该如何修改当前的曝光参数组合。

判断的依据就是当前曝光量标志游标的位置，当其位于标准曝光量标志的位置时，就能获得相对准确的曝光，可以通过改变光圈或快门速度来左右移动当前曝光量标志。

需要特别注意的是，如果希望拍出曝光不足的低调照片或曝光过度的高调照片，需要通过调整光圈与快门速度，使当前曝光量游标处于正常曝光量标志的左侧或右侧。默认情况下，如果当前曝光量标志在正常曝光量标志的左侧。则当前照片处于曝光不足状态，且标志越向左侧偏移，曝光不足的程度越高；反之，如果当前曝光量标志在正常曝光量标志的右侧，则当前照片处于曝光过度状态，且标志越向右侧偏移，曝光过度的程度越高。

当前曝光量标志　　正常曝光量标志

操作方法：使用M挡拍摄风景照片时，不用考虑曝光补偿和曝光锁定，当曝光量标志位于标准曝光量标志的位置时，就能获得相对准确的曝光。

⬇ 即使是拍摄一些需要曝光不足或曝光过度的画面时，也可以在取景器里通过调整曝光量标志游标的位置，以得到最终想要的画面效果【焦距：95mm 光圈：f/7.1 快门速度：1/1000s 感光度：100】

Chapter 掌握对焦秘籍

08

8.1 了解对焦

认识对焦

对焦是成功拍摄的重要前提之一，准确对焦可以让主体在画面中清晰呈现，反之则容易出现画面模糊的问题，也就是所谓的"失焦"。

一个完整的拍摄过程往往如下所述。

首先，选定光线与拍摄主体，完成构图操作。

然后，通过操作将对焦点移至拍摄主体上需要合焦的位置，例如，在拍摄人像时通常以眼睛作为合焦处。

最后，半按快门启动相机的对焦、测光系统，并完全按下快门结束拍摄操作。

在这个过程中，对焦操作起到确保照片清晰度的作用。

➔ 将焦点置于模特的眼睛，这样拍出来的画面在视觉上最舒服
【焦距：85mm 光圈：f/2.8 快门速度：1/125s 感光度：400】

对焦点与照片清晰区域之间的关系

对焦点决定了拍摄场景中焦平面的位置，同时也使照片的清晰与模糊区域出现了相对明显的分界线。每一个摄影师都必须明白，当对焦点在场景中变化时，照片的清晰与模糊区域是如何变化的。

只有这样才能在照片的清晰区域出现在错误位置时，找到合适的解决方法。

⬆ 由于对焦位置不同，画面的清晰效果也不同【焦距：100mm 光圈：f/2.8 快门速度：1/40s 感光度：800】

⊙ 不适于充当对焦点的对象

由于相机的对焦原理是基于对象间反差的，因此，所拍摄的对象反差越大越容易对焦。例如，拍摄白纸上的黑字或黑纸上的白字均极易对焦，因为文字与背景的反差很大。

但是，如果拍摄白纸上写的嫩黄色字或黑纸上写的深红色字时，则对焦难度将高于前者，因为文字与背景的反差缩小了。

当拍摄的是一张没有内容的纸时，无论这张纸是什么颜色，均无法对焦，因为拍摄对象上没有相机可以捕捉的反差细节。

因此，并不是所有对象都能够充当对焦点，无或低反差的对象不适合充当对焦对象，如大块白云、纯净的水面、冰面、墙面、纯色的背景布等。在拍摄时应该尽量避免拍摄此类对象，或采用手动对焦的方法拍摄此类对象。

⊙ 对焦与照片的清晰度

照片中细节的可分辨性即为清晰度，在一张照片中能够辨识出来的细节越多，画面看起来就越清晰。除了镜头的质量、所使用的光圈是否会产生衍射效应等因素外，对焦的质量对照片清晰度影响是最大的。

除了物理性的清晰度外，还有一种是视觉感受上的清晰度，又被称为清晰感觉。对比度强的画面比对比度弱的画面给人感觉更清晰。

清晰度会直接影响画面的表现效果，因此，任意一位成功的摄影师都必然具备精湛的对焦技术，能够在各种情况下精确对焦。

↑ 这张照片中的花卉看上去清晰、锐利，是因为在拍摄时不仅使用了实时显示拍摄方式，还采取了架设三脚架、使用快门线等多项措施【焦距：100mm 光圈：f/2.8 快门速度：1/320s 感光度：100】

◉ 重构图与失焦

许多摄影爱好者都按先对焦、再调整相机位置重新构图的方法进行拍摄，但按此方法拍摄时，往往发现拍摄出来的照片多多少少会出现主体模糊的情况。其原因是由于重新构图时，摄影爱好者往往会轻微地前后移动相机，这样的调整会改变合焦时确定的焦平面。如果拍摄时所使用的光圈较小，失焦的现象不会很明显，但如果使用较大的光圈拍摄景深非常浅的画面时，失焦现象会变得很明显。

因此，完成对焦后如果需要重新构图，必须平行移动相机，不可前后移动相机，也不可倾斜相机。

⬆ 由于瓢虫位于画面的右侧，因此需要对焦后再重新构图。为避免出现失焦的现象，使用了三脚架来固定相机，并将相机平行移动构图【焦距：100mm 光圈：f/4 快门速度：1/200s 感光度：100】

◉ 最近对焦距离

最近对焦距离是指能够对拍摄对象合焦的最短距离。也就是说，如果拍摄对象到相机成像面的距离小于该距离，那么就无法完成合焦，即与相机的距离小于最近对焦距离的拍摄对象将会被全部虚化。

在实际拍摄时，拍摄者应根据拍摄对象的具体情况和拍摄目的来选择合适的镜头。

⬆ 最近对焦距离示意图

8.2 认识Canon EOS 77D的对焦系统

◉ 理解对焦点

从拍摄对象的角度来说，对焦点就是相机在拍摄时合焦的位置。例如，在拍摄花卉时，如果对焦点选在花蕊上，则最终拍摄出来的照片中花蕊部分就是最清晰的。从相机的角度来说，对焦点是在液晶监视器及取景器上显示的数个方框。在拍摄时，摄影师需要使相机的对焦框与被摄对象的对焦点准确合一，以指导相机在拍摄时应该对哪一部分进行合焦。

在设计相机时，厂家已经根据产品的定位、目标人群，定义了相机的对焦点数量。Canon EOS 760D有19个对焦点，Canon EOS 77D有45个对焦点，而准专业级全画幅相机Canon EOS 5Ds则都有多达61个对焦点。

单从相机的角度来看，对焦点的数量越多，其对焦性能也就越强，由此也不难理解，越是高端的数码单反相机，配备的对焦点数量也就越多。

◀ 利用自动对焦点对蝴蝶头部进行对焦，拍摄出前景清晰、背景模糊的漂亮照片【焦距：100mm 光圈：f/4 快门速度：1/320s 感光度：100】

◉ 了解Canon EOS 77D的对焦点

下图展示了Canon EOS 77D的45个对焦点的分布情况，这45个对焦点可分为如下两类：最中间的对焦点是f/5.6+f/2.8八向双十字型对焦点（即在f/5.6十字型感应器基础上，斜向配置f/2.8十字型感应器，从而形成八向双十字型对焦点），余下的44个对焦点是f/5.6十字型对焦点。

十字自动对焦点

双十字自动对焦点

⬆ Canon EOS 77D对焦点分布情况

了解十字及双十字对焦点

在上面的讲解中，虽然提到了十字及双十字两种类型的对焦点，但实际上对任何一个对焦点来说，都对应着相应的对焦感应器，而一字型、十字型和双十字型正是对焦感应器的分类，只是在各类交流、沟通中，摄影师总是习惯于将对焦点称为某种类型的对焦点而已。

- 十字对焦点：即对焦感应器呈现"十"字型状，十字型对焦点采用一个水平一字型对焦感应器和一个垂直一字型对焦感应器，两者呈90°垂直排列，能够同时对画面中的垂直及水平线条做出反应，从而大大提高对焦的成功率和准确性。
- 双十字对焦点：又称为八向双十字对焦点，即在十字对焦点的基础上，再增加两个呈"X"形排列的对焦感应器，对焦感应器最终呈现为"米"字形状，这种对焦点能够进一步提高对焦的精度。

这两种对焦点的对焦能力是递增的，即十字对焦点＜双十字对焦点。

了解f/2.8、f/4及f/5.6各级别对焦点的意义

要使前面讲解的3种类型的对焦点正常工作，还有一个不可忽视的因素，即镜头最大光圈。简单来说，要让不同类型的对焦感应器工作，必须满足其对不同光圈值的要求。总的来说，佳能的对焦感应器可分为f/2.8、f/4及f/5.6三种类型。

↑ 佳能EF 24mm f/1.4 L II USM

比如f/4对焦感应器只能在镜头最大光圈大于等于f/4时才能工作，若使用最大光圈为f/5.6的镜头拍摄，则无法使用该对焦点实现自动对焦。同理，f/2.8对焦感应器只能在镜头最大光圈大于等于f/2.8时才能工作，若镜头的最大光圈仅为f/4，则无法使f/2.8对焦感应器进行自动对焦。

↑ 佳能EF 70-200mm f/2.8L II IS USM

需要特别注意的是，能否使不同光圈级别的对焦点发挥作用，取决于摄影师所使用的镜头。镜头的最大光圈越大，越能够使相机的全部对焦点发挥功用；否则，只能够使一部分对焦点发挥功用，这跟在拍摄时使用的最大光圈值没有关系。例如对于佳能EF24-70mm f/2.8 L II USM镜头，它全程都可以使用f/2.8的最大光圈，因此，当将其安装在Canon EOS 77D上时，就可以启用双十字对焦感应器。

而对于佳能EF28-135mm f/3.5-5.6 IS USM镜头，其最大光圈的区间为f/3.5～f/5.6，也就是说，在任何焦段下，它都达不到f/2.8的光圈，因此就无法启用双十字型对焦感应器。

这也是为什么对于Canon EOS 77D而言，最好配红圈镜头或大光圈镜头的原因。

8.3 必须掌握的对焦模式

对焦是成功拍摄的重要前提之一，准确对焦可以让画面要表现的主体获得清晰的呈现，反之则容易出现画面模糊的问题，也就是所谓的"失焦"。

Canon EOS 77D相机提供了AF自动对焦与MF手动对焦两种模式，而AF自动对焦又可以分为单次自动对焦、人工智能自动对焦、人工智能伺服自动对焦3种模式，使用这3种自动对焦模式一般都能够实现准确对焦，下面分别讲解它们的使用方法。

操作方法： 按下**AF**按钮，使用◀、▶方向键在显示速控屏幕中选择需要的自动对焦模式。

◉ 单次自动对焦（ONE SHOT ）

单次自动对焦在合焦（半按快门时对焦成功）之后即停止自动对焦，此时可以保持半按快门状态重新调整构图，该自动对焦模式常用于拍摄静止或运动幅度不大的对象。

⬆ 在拍摄静态或运动幅度不大的题材时，使用单次自动对焦模式已完全可以满足拍摄需求

提示

当AF（自动对焦）发生不工作的现象时，首先要检查镜头上的对焦模式开关，如果镜头上的对焦模式开关处于MF挡，将不能自动对焦，此时将镜头上的对焦模式开关置为AF挡即可。另外，还要确保稳妥地安装了镜头，如果没有稳妥地安装镜头，则有可能无法正确对焦。

人工智能伺服自动对焦（AI SERVO）

选择人工智能伺服自动对焦模式后，当摄影师半按快门合焦后，保持快门的半按状态，相机会在对焦点中自动切换以保持对运动对象的准确合焦状态。如果在此过程中，拍摄对象位置发生了较大变化，相机会自动做出调整，以确保主体清晰。

这种对焦模式较适合拍摄运动中的鸟、昆虫、不断变换位置的运动员等对象。

➡ 在拍摄舞者时，使用人工智能伺服自动对焦模式可以随着舞者的动作变化而迅速改变对焦点，以保证获得焦点清晰的画面【焦距：200mm　光圈：f/7.1　快门速度：1/1000s　感光度：320】

人工智能自动对焦（AI FOCUS）

人工智能自动对焦模式适用于无法确定拍摄对象是静止还是运动状态的情况，此时相机会根据拍摄对象是否运动来自动选择单次对焦还是连续对焦。

例如，在动物摄影中，如果所拍摄的动物暂时处于静止状态，但有突然运动的可能性，此时应该使用该对焦模式，以保证将拍摄对象清晰地捕捉下来。在人像摄影中，如果模特不是处于摆拍的状态，随时有可能从静止变为运动状态，也可以使用这种对焦模式。

⬆ 在拍摄公园里玩耍的狗狗时，由于其动静不定，因此可使用人工智能自动对焦模式随着狗狗的动作变化而迅速改变对焦点，以保证获得焦点清晰的画面【焦距：200mm　光圈：f/6.3　快门速度：1/800s　感光度：200】

提示

在某些情况下，直接使用自动对焦功能拍摄时对焦会比较困难，此时除了使用手动对焦方法外，还可以按下面的步骤操作，使用对焦锁定功能进行拍摄。

1.设置对焦模式为单次自动对焦，将自动对焦点移至另一个与希望对焦的主体距离相等的物体上，然后半按快门按钮。

2.因为半按快门按钮时对焦已被锁定，因此可以在半按快门按钮的状态下，将自动对焦点移至希望对焦的主体上，重新构图后完全按下快门完成拍摄。

8.4 灵活运用自动对焦区域选择模式

通过选择不同的自动对焦区域选择模式，可以改变参与对焦的对焦点的数量与组合方式，以更好地拍摄不同题材。

自动对焦区域选择方法

利用此菜单可以根据个人的操作习惯，设置自动对焦区域的选择方法。

- ⊞ → 自动对焦区域选择按钮：选择此选项，在按下⊞或⊞按钮后，每次按下⊞按钮即可改变自动对焦区域选择模式。

- ⊞ → 主拨盘：选择此选项，在按下⊞或⊞按钮后，转动主拨盘时即可改变自动对焦区域选择模式。

❶ 在**设置菜单**4中选择**自定义功能**（C.Fn）选项，点击◀或▶图标选择 C.FnⅡ：**自动对焦/驱动**（6）**自动对焦区域选择方法**选项

❷ 选中所需选项，然后点击 SET OK 图标确定

自动选择自动对焦

"自动选择自动对焦"是最简单的自动对焦区域模式，此时完全由相机决定对哪些对象进行对焦（相机总体上倾向于对距离镜头最近的主体进行对焦），适用于拍摄主体位于前面或对对焦要求不高的情况，如拍摄旅游纪实作品或街头随拍等。

⬆ 选择**自动选择自动对焦**模式时的显示屏

⬆ 在街头抓拍时，可以使用45点自动对焦模式，方便又快捷【焦距：135mm 光圈：f/5.6 快门速度：1/320s 感光度：100】

> **提示**
>
> 使用"自动选择自动对焦"模式时，在单次自动对焦模式下，对焦成功后将显示所有成功对焦的对焦点；在人工智能伺服自动对焦模式下，将优先选择"初始AF点，（ ）人工智能伺服AF"菜单中设定的人工智能伺服自动对焦的起始自动对焦点。在拍摄对象较小等情况下可能无法合焦。

◑ 手动选择：区域自动对焦

在此模式下，相机的45个自动对焦点被划分为9个区域，每个区域中分布有9个对焦点，当选择某个区域进行对焦时，则此区域内的对焦点将自动进行对焦。

⬆ 选择**手动选择：区域自动对焦**模式时的显示屏

⬆ 采用**手动选择：区域自动对焦**模式选择不同区域时的状态

> **提示**
>
> 由于区域自动对焦手动选择区域模式是在一个相对小的对焦区域内（即5个小区域中的某一个）由相机识别拍摄对象进行自动合焦，因此这种模式适用于要拍摄的拍摄对象本身或想对其合焦的部分比较大，且对精确合焦位置要求不太高的情况。例如，在拍摄鞍马运动员时，如果仅希望清晰地捕捉其手部的动作，且对合焦的位置并没有过多的要求时，就可以使用这种自动对焦区域模式。

◑ 手动选择：大区域自动对焦

在此模式下，相机的45个自动对焦点被划分为左、中、右三个对焦区域，每个区域中分布有15个对焦点。由于此对焦模式的对焦区域比区域自动对焦更大，因此更易于捕捉运动的主体。但使用此对焦模式时，相对只会自动将焦点对焦于距离相机更近的拍摄对象区域上，因此无法精准指定对焦位置。

⬆ 选择**手动选择：大区域自动对焦**模式时的显示屏

⬆ 采用**手动选择：大区域自动对焦**模式选择不同区域时的状态

◑ 手动选择：单点自动对焦

单点自动对焦手动选择是只使用一个手动选择的自动对焦点合焦的自动对焦区域模式。在此模式下，摄影师可以手动选择对焦点的位置。在拍摄人像、静物和风景时，单点自动对焦手动选择区域模式很常用。

⬆ 选择**手动选择：单点自动对焦**模式时的显示屏

8.5 手动选择对焦点/对焦区域的方法

在P、Av、Tv及M模式下，除"自动选择自动对焦"模式外，其他3种自动对焦区域模式都支持手动选择对焦点或对焦区域，以便根据对焦需要进行选择。Canon EOS 77D 共有45个对焦点可供选择。

在每次拍摄过程中，对焦点位置的图像在画面中都是最清晰的，因此通常在拍摄时必须要将对焦点安排在希望重点表现的地方，如人的眼睛。

操作方法： 按下相机背面右上方的自动对焦点选择按钮田，然后按下方向键选择对焦点或对焦区域的位置。

⬆ 在对蜻蜓构图时将其置于了画面的下方，通过手选相机下方对焦点的方式来对蜻蜓进行对焦【焦距：185mm 光圈：f/3.2 快门速度：1/160s 感光度：100】

8.6 与对焦设置有关的菜单

◑ 提示音

提示音最常见的作用就是在对焦成功时发出清脆的声音，以便确认是否对焦成功。

除此之外，提示音在自拍时还用于自拍倒计时提示。

- 启用：选择此选项，在合焦和自拍时，相机会发出提示音。
- 触摸♪：选择此选项，只在触摸屏操作期间关闭提示音。
- 关闭：选择此选项，在合焦或者自拍时，提示音不会响。

❶ 在**设置菜单**3中选择**提示音**选项

❷ 选择**启用**、**触摸♪**或**关闭**选项

◑ 利用自动对焦辅助光辅助对焦

利用"自动对焦辅助光发光"菜单可以控制是否开启相机外置闪光灯的自动对焦辅助光。

在弱光环境下，由于对焦很困难，因此开启对焦辅助光照亮被摄对象，可以起到辅助对焦的作用。

要注意的是，如果外接闪光灯的"自动对焦辅助光发光"被设置为"关闭"时，无论如何设置此菜单，闪光灯都不会发出自动对焦辅助光。

- 启用：选择此选项，闪光灯将会发射自动对焦辅助光。
- 关闭：选择此选项，闪光灯将不发射自动对焦辅助光。
- 只发射外接闪光灯自动对焦辅助光：选择此选项，只在使用外接闪光灯时，才会在需要时发射自动对焦辅助光，相机的内置闪光灯将不会发射自动对焦辅助光。
- 只发射红外自动对焦辅助光：在外接闪光灯中，只有具有红外线自动对焦辅助光的闪光灯能发射光线。这可以防止使用装备有LED灯的EX系列闪光灯时，LED灯自动打开进行辅助自动对焦。

❶ 在**设置菜单**4中选择**自定义功能**（C.Fn）选项，点击◀或▶图标选择 C.FnⅡ：**自动对焦/驱动**（5）**自动对焦辅助光发光**选项

❷ 选择所需的选项，然后点击 SET OK 图标确定

⚙ 自动对焦点自动选择：色彩跟踪

在区域、大区域自动对焦区域模式下，相机可以在所选择的区域内自动选择对焦点。而在自动选择自动对焦模式下，更是完全由相机自动选择对焦点，为了提高相机自动选择对焦点的成功率，Canon EOS 77D相机提供了"自动对焦点自动选择：色彩跟踪"功能。

通过"自动对焦点自动选择：色彩跟踪"菜单，摄影师可以设置在区域、大区域及自动选择自动对焦区域模式下，相机是否以检测到画面中人物的肤色来作为对焦的依据。

- 启用：选择此选项，相机将根据自动对焦信息和等同于肤色的色彩信息自动选择自动对焦点。这样不管是在单次自动对焦模式下拍摄静止的人物，还是在人工智能伺服自动对焦模式下拍摄运动的人物，相机只要检测到人物肤色，便会自动对焦至人物。如果无法检测到画面中人物的肤色，则会对最近的被摄体对焦，一旦合焦，就会自动选择自动对焦点。

- 关闭：选择此选项，只根据自动对焦信息自动选择自动对焦点。

❶ 在**设置菜单4**中选择**自定义功能**（C.Fn）选项，点击◀或▶图标选择**C.FnⅢ：自动对焦/驱动（7）自动对焦点自动选择：色彩跟踪**选项

❷ 选择**关闭**或**启用**选项，然后点击 SET OK 图标确定

⬆ 拍摄环境人像时，可以启用"自动对焦点自动选择：色彩跟踪"功能，以提高对焦准确率【焦距：135mm 光圈：f/2.8 快门速度：1/500s 感光度：100】

8.7 8种应该使用手动对焦的情况

在以下8种情况时，使用自动对焦不如使用手动对焦拍摄的成功率高。

操作方法：将镜头上的对焦模式切换器设为MF，即可切换至手动对焦模式。

弱光环境	低反差物体	拍摄微距	拍摄野生动物
在弱光环境下，物体的反差很小，而对焦系统依赖物体的反差度进行对焦。除非使用对焦辅助灯或其他灯光照亮被拍摄的对象，否则应该使用手动对焦来完成对焦操作	当拍摄低反差物体，如墙面、水面、冰面时，相机很难自动对焦。比较可行的办法是在同一个焦平面上寻找高反差对象完成对焦后，再将相机平移至希望完成对焦的位置	当使用微距镜头拍摄微距题材时，由于画面的景深极浅，自动对焦系统通常会跑焦，比较可行的方法是以手动对焦进行拍摄，拍摄时通过前后左右轻微移动相机使焦点落在希望合焦的位置上	大部分野生动物听力极佳，如果拍摄时距离动物较近，则应该依靠手动对焦来拍摄，以避免自动对焦系统运行时惊扰动物
透过玻璃拍摄	拍摄运动物体	拍摄HDR合成素材	拍摄风光
通常应该尽量避免透过玻璃拍摄，但有时可能无法避免，如在飞机上、水族馆中等。此时如果不紧贴玻璃进行拍摄，则自动对焦系统会将焦点锁定在玻璃的倒影上。因此比较可靠的方法是使用手动对焦	拍摄高速运动的物体时，使用自动对焦的成功率跟摄影师本身的经验有很大关系，一个比较可行的方法是使用手动对焦的方式进行拍摄	在制作HDR照片时，要求所有单张素材照片有相同的对焦点。如果使用自动对焦，每张照片的焦点都会有轻微的变化，因此应该使用手动对焦	拍摄风光时，要想从前景到远处都保持清晰，通常使用较小的光圈并将焦点对准在画面前1/3处，以获得最大景深。要使用手动对焦，否则即便轻微改变构图时，相机也会在按下快门后重新对焦，改变画面的景深

提示

图像模糊不聚焦或锐度较低时，可以从以下三个方面进行检查。

1. 按快门按钮时相机是否在移动？按快门按钮时要确保相机稳定，尤其在拍摄夜景或在黑暗的环境中拍摄时，快门速度应高于正常拍摄条件下的快门速度。应尽量使用三脚架或遥控器，以确保拍摄时相机保持稳定。

2. 镜头和主体之间的距离是否超出了相机的对焦范围？如果超出了对焦范围，应该调整主体和镜头之间的距离。

3. 取景的AF点是否覆盖了主体？相机会对焦取景器中AF点覆盖的主体，如果因为所处位置使AF点无法覆盖主体，可以利用对焦锁定功能来解决。

8.8 常见拍摄题材的正确对焦位置

　　掌握前面章节所讲述的各种对焦技巧后，还必须要了解在拍摄时应该如何确定对焦位置，下面列举了几种常见拍摄题材的推荐对焦位置。

大场景风光对焦位置	人像对焦位置	动物对焦位置
拍摄大场景风光时，通常要求整个画面的前景与背景均比较清晰，拍摄时要使用小光圈拍摄，并对焦于画面前1/3处	拍摄小景深人像时，为了突出人物的神韵，应对焦在其眼睛上，这样在视觉习惯上也会比较舒服	拍摄动物时，与拍摄人像的方法类似，应对焦在其眼睛上，这样拍出来的画面比较有神

对焦位置

对焦位置

对焦位置

花卉对焦位置	流水对焦位置	昆虫对焦位置
拍摄花卉时，为了使其在花丛中脱颖而出应使用大光圈，并对焦在其花蕊或中间位置	拍摄流水时，应该将焦点对准在静止的对象上，例如，旁边的植物、岩石等，从而使整个场景在经过长时间曝光后，形成鲜明的动静对比	拍摄昆虫时，可根据昆虫的外形特色来选择对焦的位置，对焦点通常会在其美丽的翅膀或好看的纹理上

对焦位置

对焦位置

对焦位置

Chapter 拓展Canon EOS 77D 拍摄实力的镜头

09

9.1 了解关于镜头的一些概念

佳能镜头参数详解

镜头名称中包括了很多数字和字母，EF系列镜头采用了独立的命名体系，各数字和字母都有特定的含义，能够熟记这些数字和字母代表的含义，就能很快地了解一款镜头的性能。

EF 24-105mm f/4 L IS USM
❶ ❷ ❸ ❹

❶ 镜头种类

■ EF

EOS相机所有卡口的镜头均采用此标记。如果是EF，则不仅可用于胶片单反相机，还可用于全画幅、APS-H尺寸以及APS-C尺寸的数码单反相机。

■ EF-S

EOS数码单反相机中使用APS-C尺寸图像感应器机型的专用镜头。S为Small Image Circle（小成像圈）的字首缩写。

■ MP-E

最大放大倍率在1倍以上的"MP-E 65mm f/2.8 1-5x 微距摄影"镜头所使用的名称。MP是Macro Photography（微距摄影）的缩写。

■ TS-E

可将光学结构中一部分镜片倾角或偏移的特殊镜头的总称，也就是人们所说的"移轴镜头"。佳能原厂有24mm、45mm、90mm共3款移轴镜头。

❷ 焦距

表示镜头焦距的数值。定焦镜头采用单一数值表示，变焦镜头分别标记焦距范围两端的数值。

❸ 最大光圈

表示镜头所拥有最大光圈的数值。光圈恒定的镜头采用单一数值表示，如EF 70-200mm f/2.8 L IS USM；浮动光圈的镜头标出光圈的浮动范围，如EF-S 18-135mm f/3.5-5.6 IS。

❹ 镜头特性

■ L

L为Luxury（奢侈）的缩写，表示此镜头属于高端镜头。此标记仅赋予通过了佳能内部特别标准的、具有优良光学性能的高端镜头。

■ II、III

镜头基本上采用相同的光学结构，仅在细节上有微小差异时添加该标记。II、III表示是同一光学结构镜头的第2代和第3代。

■ USM

表示自动对焦机构的驱动装置采用了超声波马达（USM）。USM将超声波振动转换为旋转动力从而驱动对焦。

■ 鱼眼（Fisheye）

表示对角线视角180°（全画幅时）的鱼眼镜头。之所以称为鱼眼，是因为其特性接近于鱼从水中看陆地的视野。

■ SF

被佳能EF 135mm f/2.8 SF镜头使用。其特征是利用镜片5种像差之一的"球面像差"来获得柔焦效果。

■ DO

表示采用DO镜片（多层衍射光学元件）的镜头。其特征是可利用衍射改变光线路径，只用一片镜片对各种像差进行有效补偿，此外还能够起到减轻镜头重量的作用。

■ IS

IS是Image Stabilizer（图像稳定器）的缩写，表示镜头内部搭载了光学式手抖动补偿机构。

■ 小型微距

最大放大倍率为0.5的"EF 50mm f/2.5 小型微距"镜头所使用的名称。表示是轻量、小型的微距镜头。

■ 微距

通常将最大放大倍率在0.5倍~1倍（等倍）范围内的镜头称为微距镜头。EF系列镜头包括了50mm~180mm各种焦段的微距镜头。

■ 1-5x微距摄影

数值表示拍摄可达到的最大放大倍率。此处表示可进行等倍至5倍的放大倍率拍摄。在EF镜头中，将具有等倍以上最大放大倍率的镜头称为微距摄影镜头。

❶ 镜头种类	❷ 焦距
❸ 最大光圈	❹ 镜头特性

定焦镜头与变焦镜头

简单来说，定焦镜头的焦距固定不可变，变焦镜头的焦距可以在某一范围内变化。

定焦镜头拥有光学结构简单、最大光圈很大、成像质量优异等特点，在相同焦段的情况下，定焦镜头往往可以和价值数万元的专业镜头媲美。其缺点是由于焦距不可调节，机动性较差，不利于拍摄时进行灵活的构图。

变焦镜头的焦段非常广，并可根据主要的焦段范围将其分为广角镜头、中焦镜头以及长焦镜头等类型，这种便利性使它深受广大摄影爱好者的欢迎。不过由于变焦镜头的历史较短、光学结构复杂、镜片数较多等特点，使得它的生产成本很高，少数恒定大光圈、成像质量优异的变焦镜头价格昂贵，通常在万元以上。变焦镜头的最大光圈较小，能够达到恒定f/2.8光圈就已经是顶级镜头了，当然在售价上也是"顶级"的。

↑ 佳能EF 50mm f/1.2L USM

↑ 佳能EF 24-70mm f/2.8 L USM

恒定光圈镜头与浮动光圈镜头

所谓恒定光圈，即指在镜头的任何焦段下都拥有相同的光圈，对于定焦镜头而言，其焦距是固定的，光圈也是恒定的，因此，恒定光圈对于变焦镜头的意义更为重要。如佳能EF 24-70mm f/2.8L USM镜头就是拥有恒定f/2.8的大光圈，可以在24mm~70mm的任意一个焦距下拥有f/2.8的大光圈，以保证充足的进光量，或更好的背景虚化效果。

浮动光圈则是指光圈会随着焦距的变化而改变，例如佳能EF 28-300mm f/3.5-5.6L IS USM镜头，当焦距为28mm时，最大光圈为f/3.5；而焦距为300mm时，其最大光圈就自动变为了f/5.6。

↑ 佳能EF 24-70mm f/2.8 L USM

↑ 佳能 EF 28-300mm f/3.5-5.6L IS USM

◐ 镜头的防抖功能

　　佳能的防抖系统全称为Image Stabilizer，简写为IS，目前最新的防抖技术最高可在低于安全快门4倍的快门速度下获得清晰的影像。但要注意的是，防抖系统只是提供一种校正功能，在使用时还要注意以下几点。

- 防抖系统成功校正抖动是有一定概率的，这与个人的手持能力有很大关系。通常情况下，使用低于安全快门两倍以内的快门速度拍摄时，成功校正的概率比较高。
- 当快门速度高于安全快门1倍以上时，建议关闭防抖系统，否则防抖系统的校正功能可能会影响原本清晰的画面，导致画质下降。
- 在使用三脚架保持相机稳定时，建议关闭防抖系统。因为在使用三脚架时，不存在手抖的问题，而开启了防抖功能后，其微小的震动反而会造成图像质量下降。值得一提的是，很多防抖镜头同时还带有三脚架检测功能，即它可以检测到三脚架细微震动造成的拉动并进行补偿，因此，在使用这种镜头拍摄时，不应关闭防抖功能。

↑ 有IS防抖功能标志的佳能镜头

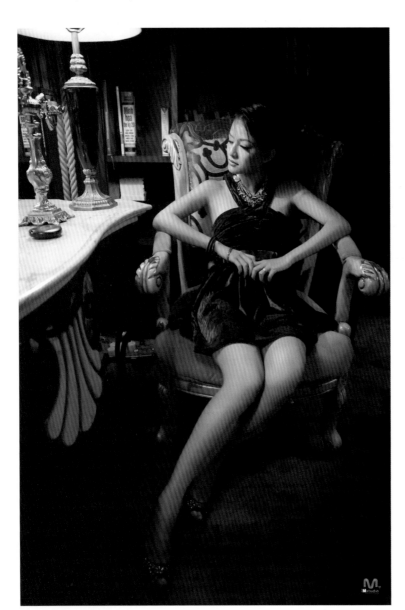

提示

　　虽然在弱光条件下拍摄时，具有IS功能的镜头允许摄影师使用更低的快门速度，但实际上IS功能并不能代替较高的快门速度。要想得到出色的高清晰照片，仍然需要用较高的快门速度来捕捉瞬间的动作。不管IS功能多么出色，使用高速快门才能够清晰捕捉到快速移动的拍摄对象，这一原则是不会改变的。

◀ 弱光下拍摄人像时，开启镜头的防抖模式，可以有效避免因手抖造成的画面模糊，获得清晰的画质【焦距：170mm 光圈：f/5.6 快门速度：1/250s 感光度：500】

9.2 什么是镜头的MTF图

看懂镜头的MTF图

镜头的品质始终是摄影师非常关心的问题，虽然可以用各种样片来展示镜头的质量，但这种方法并不十分严谨。实际上，看镜头的MTF图才是评价镜头品质最准确的方法。MTF图是由镜头的生产商在比较客观严谨的测试环境下，通过分析一系列测试结果绘制的一种可以反映镜头的成像质量的图表。

下面将以右图所示的佳能EF 50mm f/1.2 L USM的MTF曲线图为例，讲解MTF图中各参数的含义。

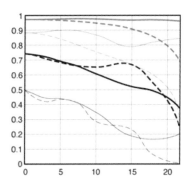

■ 横轴：从左至右，代表成像平面圆心到边缘的半径尺寸位置。左边为零，是镜头中心，最右边是像场半径最边缘，依据镜头像场大小而定，尺寸单位是毫米。

■ 纵轴：从下到上，从0~1没有单位，代表成像素质达到实物状况的百分比。1就是100%，显然这是不可能的，曲线只能无限接近于1，不可能等于1。

■ 粗线：共计两条，分别是蓝色粗线与黑色粗线，代表镜头的分辨率测试结果，曲线越高，表明镜头表现有反差图像的能力越强。

■ 细线：共计两条，分别是蓝色细线与黑色细线，代表镜头对图像反差识别率的测试结果。此测试数值越接近于1，代表镜头细节方面成像越优秀，换言之，拍摄出来的照片越锐利。

↑ 佳能 EF 50mm f/1.2L USM

■ 黑色：共计4条，分别是一条细实线、一条粗实线、一条细虚线、一条粗虚线，这些线均代表当镜头以最大光圈进行测光时的测试结果。

■ 蓝色：共计4条，分别是一条细实线、一条粗实线、一条细虚线、一条粗虚线，这些线均代表当镜头以光圈f/8进行测光时的测试结果。

■ 实线：共计4条，即蓝色一细一粗两条，黑色一细一粗两条，这4条线代表镜头从图面中心向四周辐射方向的MTF值（径向）。

■ 虚线：共计4条，即蓝色一细一粗两条，黑色一细一粗两条，这4条线代表镜头围绕图面中心圆的切线方向的MTF值（切向）。

镜头MTF图的意义

要通过MTF曲线来评判一只镜头的优劣，可以从如下几个方面来考虑。

①MTF曲线越高，说明镜头光学质量越好。因此MTF数值在0.8以上就表示此时镜头性能"进入优秀范围"，但是总体上不一定就说明是好镜头；可是反过来说，在圆心上的MTF数值如果都不足0.6，肯定不是好镜头。

②MTF曲线越平直，说明镜头边缘与中间一致性越好；边缘严重下降，说明镜头边角反差与分辨率较低。

③无论是哪种颜色的线条，实线与虚线越接近越好，两者距离较小，反映出镜头像散较小。

④蓝色4条线由于代表的是镜头在使用f/8光圈下拍摄时镜头的性能，比较接近于镜头在各类理想拍摄条件下的最佳性能，因此能够反映出镜头的实际应用性能。

9.3 广角镜头的概念及运用技巧

◉ 广角镜头的焦距范围

广角镜头是指等效焦距小于35mm，视角大于标准镜头的一类镜头，其典型的焦距有24mm、17mm等。

广角镜头的特点是景深大，有利于将纵深大的场景清晰地表现出来。由于其视角大，从而可以在画面中包含更宽广的场景。广角镜头可将眼前更广阔的场景纳入取景器内，这种镜头对空间的表现力尤为出色，可以使画面远近的透视感更加强烈，极大地增强画面的视觉冲击力。

◉ 与Canon EOS 77D搭配使用的广角镜头

EF 17-40mm f/4 L USM｜经济实惠的红圈广角镜头

这款镜头是"佳能小三元"中的一员，跟"大三元"中的EF 16-35mm f/2.8镜头相比，只是小了一挡光圈而已，这款镜头只要5000元左右就可买到，比不少EF-S镜头还便宜。

这款镜头使用了一片UD超低色散镜片，能有效减少光线的色散，提高镜头的反差和分辨率，还使用了3片非球形镜片，大大地降低了广角成像畸变。

它的成像质量非常优异，配得上红圈L头的称号，广角畸变的控制异常出色。装在Canon EOS 77D上，等效焦距是27mm~64mm，和28mm~70mm的焦距范围非常接近，适合拍摄风光，同时也能满足其他日常拍摄的要求。

需要特别指出的是，这款镜头拥有很高的光学性能，在最大光圈下便可获得锐利成像，方便了实时显示拍摄时的手动对焦。特别是在夜景拍摄中，慧星像差（圆形光变形为椭圆形光的现象）较少，图像周边画质稳定，可进行精确的对焦，且不必大幅收缩光圈也能获得良好的画质。

镜片结构	9组12片
光圈叶片数	7
最大光圈	f/4
最小光圈	f/22
最近对焦距离（cm）	28
最大放大倍率	0.24
滤镜尺寸（mm）	77
规格（mm）	83.5×96.8
重量（g）	475

【焦距：17mm 光圈：f/22 快门速度：1s 感光度：100】

✦ 利用广角镜头拍出气势磅礴的风光

广角镜头对空间的表现尤为出色，使用这种镜头进行拍摄，可以将眼前更广阔的场景纳入取景器。

利用广角镜头的这一优势拍摄风光照片，可以获得较为宽广的视角，将风光的壮美、宽广气势充分地呈现在画面中。

➡ 使用广角镜头拍摄的风景画面视野比较开阔，可以很好地表现出大气的感觉【焦距：18mm 光圈：f/20 快门速度：1/320s 感光度：100】

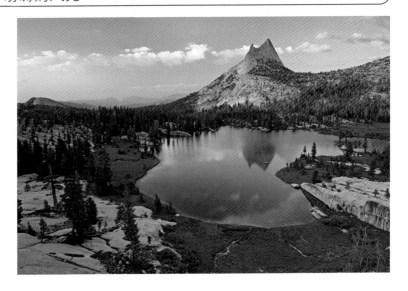

✦ 利用广角镜头拉长模特的身材

如果要利用广角镜头修饰模特的身材，首先要使用竖构图。拍摄时将画面分为三等份，模特的头和身体安排在画面中间一等份的位置，因为这个区域变形程度最轻；将模特的腿安排在最下面那一等份的位置，由于广角镜头的变形是从中间开始向上、下、左、右拉伸延长的，因此当腿在此位置时，就会被拉长，从而轻松拍出长腿美女。

另外，要靠近模特拍摄，这样才可以充分发挥广角端的特性。如果拍摄时离模特太远，会使主体显得不够突出，且带入太多背景也会使画面显得杂乱。

➡ 使用广角镜头拍摄美女时，由于透视效果，可使其腿部更显修长、纤细的特点【焦距：16mm 光圈：f/4 快门速度：1/25s 感光度：320】

利用广角镜头增强建筑物的视觉冲击力

在拍摄高耸的建筑时，常常以广角镜头仰视拍摄，这样可以利用广角镜头的线条拉伸效应，使建筑具有透视变形效果，从而强化、夸大建筑高耸的特征，营造其雄伟的气势，增强视觉冲击力。在拍摄时要注意所选择的拍摄位置不要距离建筑物过近，否则会使建筑在画面中产生较大的畸变。

除了仰视拍摄建筑外，在以平视角度拍摄走廊、桥体、建筑群时，也可以用广角镜头的这一特性，使画面呈现出较强的纵深感、空间感。

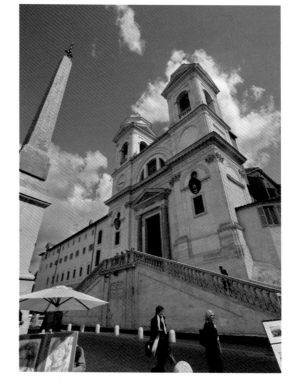

由于广角镜头强烈的透视效果，使得画面中的建筑显得高耸入云，很有视觉冲击力【焦距：17mm 光圈：f/8 快门速度：1/250s 感光度：100】

9.4 标准镜头的概念及运用技巧

标准镜头的焦距范围

标准定焦镜头的焦距范围通常在35mm~85mm，它所拍摄的影像接近于人眼正常的视角范围，其透视关系接近于人眼所感觉到的透视关系，因此，标准镜头能够逼真地再现拍摄对象的影像。

标准变焦镜头通常有广角端到长焦端，但长焦端通常不超过135mm，如EF 24-105mm f/4 L IS USM、EF 24-70mm f/2.8 L USM等镜头均是如此。

标准定焦镜头的焦距是固定的，因此在拍摄时如果要调整景别，摄影师就必须走动。标准变焦的焦距是浮动的，如果要调整景别，摄影师可以通过转动变焦环来完成，因此拍摄时会更加轻松、自由一些。

标准镜头的效果接近人眼的视觉，因此非常适合用来拍人像
【焦距：50mm 光圈：f/6.3 快门速度：1/500s 感光度：100】

与Canon EOS 77D搭配使用的标准镜头

EF 50mm f/1.2 L USM | 超大光圈带来独具魅力的浅景深虚化

这款标准定焦镜头采用了最新的光学技术，在用料上可谓不遗余力，其尺寸达到了85.8mm×65.5mm，重量更是达到了580g，这样的镜头配在Canon EOS 77D机身上，重量还算平衡。

作为一款超大光圈镜头，其对焦速度是被大家重点关注的一个性能。这款镜头内置了高速CPU及优化设计的自动对焦算法，能够实现较高速的对焦——当然，在光圈全开的情况下，对焦速度还是有待改进的。

这款镜头采用了一枚高精度非球面镜片来降低球面像差，同时还提高了成像的锐度，并获得反差良好的高画质影像。而8叶光圈片则保证了镜头拥有极佳的虚化效果。

另外，作为一款L级镜头，其卡口部位采用了严格的防尘、防滴密封设计，即使在苛刻的环境下也能够从容拍摄。

镜片结构	6组8片
光圈叶片数	8
最大光圈	f/1.2
最小光圈	f/16
最近对焦距离（cm）	45
最大放大倍率	0.15
滤镜尺寸（mm）	72
规格（mm）	85.8×65.5
重量（g）	590

⬇ 【焦距：50mm 光圈：f/1.8 快门速度：1/640s 感光度：100】

EF 24-105mm f/4 L IS USM｜高性价比的标准变焦镜头

由于这款镜头经过了数码优化，因此用在数码单反相机上时，其性能要更加优异一些。这款拥有f/4大光圈的标准变焦L镜头，使用了1片超低色散（UD）镜片和3片非球面镜片，能有效控制畸变和色差。内置的IS影像稳定器，能够提供相当于提高3挡快门速度的抖动补偿。多层超级光谱镀膜以及优化的镜片排放位置，可以有效抑制鬼影和眩光的产生。采用了圆形光圈并可全时手动对焦，还具有良好的防尘、防潮性能。

总的来说，该镜头全焦段都可以放心使用，光学素质比较平均，没有大的起伏。这款镜头的主要优点是通用性强、综合性能优异；缺点是变形大、边缘画质一般、四角失光较严重。所以，只要使用时想办法扬长避短，还是可以拍出高质量照片的。需要特别指出的是，这款镜头的最大光圈虽是f/4，但却拥有出色的虚化效果，可通过虚化获得令人印象深刻的效果。虽然虚化程度是由光圈大小决定的，但虚化效果的良莠则是与镜头结构等有关系。该镜头针对专业级开发，所以从设计之初，就将虚化效果作为命题之一来考虑，目的是使其兼具美丽的虚化和锐种的成像。

目前，这款镜头的参考售价约为7200元。

镜片结构	13组18片
光圈叶片数	8
最大光圈	f/4
最小光圈	f/22
最近对焦距离（cm）	45
最大放大倍率	0.23
滤镜尺寸（mm）	77
规格（mm）	83.5×107
重量（g）	670

⬇ 【焦距：100mm 光圈：f/3.5 快门速度：1/400s 感光度：100】

◎ 利用标准镜头拍出平实、自然的人像

标准镜头最大的特点之一就是几乎不会产生畸变，能够表现出真实、亲切、自然的人像，因而广泛应用于人像摄影领域中。

另外，标准的定焦镜头具有大光圈且价格较为便宜的特点，此焦距很适合拍摄人像，并可以获得非常好的浅景深效果。

也正因如此，对于APS-C画幅的相机而言，50mm焦距段的镜头被称为人像镜头，如EF 50mm f/1.2 L USM镜头。而对于全画幅的相机而言，85mm焦距段的镜头则是必备的人像镜头，例如，EF 85mm f/1.2 LⅡ USM被称为"人像镜皇"，其价格高达1.3万元左右。

⊙ 利用标准镜头拍摄人像，比较真实地还原了拍摄主体，使画面看上去更加平实、自然【焦距：85mm 光圈：f/2.8 快门速度：1/800s 感光度：100】

◎ 利用标准镜头拍摄真实的静物

在拍摄静物，尤其是在室内拍摄静物时，由于空间相对较小，建议使用标准镜头。一方面可以借助标准镜头几乎不会让画面变形的特性，拍摄出真实的静物对象；另一方面，可以借助标准镜头的大光圈特性，提高快门速度。

⊙ 利用标准镜头的不变形性拍摄室内点心，很好地还原了其色泽和质感，给人一种垂涎三尺的感觉【焦距：85mm 光圈：f/6.3 快门速度：1/500s 感光度：200】

9.5 长焦镜头的概念及运用技巧

长焦镜头的焦距范围

当一款镜头的焦距超过135mm时，这款镜头可以被称为长焦镜头。长焦镜头可以把远处的景物拉得很近，因此经常用于拍摄特写。

长焦镜头的特点是景深小，有利于模糊背景，突出主体，机动性强。将较远距离的拍摄对象拉近拍摄时，不易受光线和环境影响，但由于成像后前景与背景的景物紧凑，空间感较差。

使用长焦镜头对相机的稳定性要求较高，因为使用长焦镜头的安全快门速度要求较高。尤其是在弱光环境下，很容易拍摄出模糊的照片。所以建议提高ISO感光度或使用三脚架，可以提高拍摄的成功率。

另外，使用具有防抖功能的长焦镜头可以提高出片率，否则很可能因为手部轻微的颤抖导致照片模糊。正因如此，有防抖功能的镜头往往比没有防抖功能的镜头昂贵。

与Canon EOS 77D搭配使用的长焦镜头

佳能 EF 70-300mm f/4-5.6 L IS USM｜用料最足的L级远摄变焦镜头

在70mm~300mm这个焦段下，佳能拥有多款不同定位的镜头，而这款L级远摄变焦镜头，可以说是所有同类镜头中用料最足的一款镜头。这款镜头配有两片UD（超低色散）镜片，可保证镜头在全焦段都具有较高的分辨率；搭载了浮动对焦机构，在全部拍摄距离内均能够获得高画质表现；优化的镜片配置与镀膜可以很好地抑制眩光和"鬼影"，从而能够获得良好的色彩平衡；所搭载的手抖动补偿机构——IS影像稳定器，可在全焦段下提供相当于约4级快门速度的手抖动补偿，除了提供用于普通拍摄的手抖动补偿"模式1"之外，还提供了用于追随拍摄等的手抖动补偿"模式2"。

目前，这款镜头的参考售价约为8700元。

镜片结构	14组19片
光圈叶片数	8
最大光圈	f/4~f/5.6
最小光圈	f/32~f/45
最近对焦距离（cm）	120
最大放大倍率	1:4.8
滤镜尺寸（mm）	67
规格（mm）	89×145
重量（g）	1050

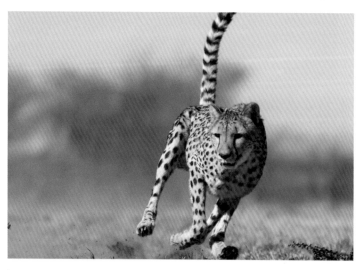

◀【焦距：300mm 光圈：f/5.6 快门速度：1/1250s 感光度：200】

EF 70-200mm f/2.8 L Ⅱ IS USM | 顶级技术造就出的顶级镜头

这款"小白IS""爱死小白"的第二代产品,被人亲昵地冠以"小白兔"的绰号,它与Canon EOS 77D接装在一起,能够充分发挥出相机的优秀性能。

作为佳能EOS顶级L镜头的代表,它采用了5片UD(超低色散)镜片和1片萤石镜片,对色像差进行了良好的补偿。在镜头对焦镜片组(第二组镜片)配置的UD(超低色散)镜片,可以对对焦时容易出现的倍率色像差进行补偿。采用优化的镜片结构以及超级光谱镀膜,可以有效抑制眩光与"鬼影"。全新的IS影像稳定器可带来相当于约4级快门速度的抖动补偿效果。

总的来说,这款镜头几乎囊括了佳能所有的高新技术,性能上拥有绝对的保障,但近1.5万元的售价也确实不是人人都能负担得起的。

镜片结构	19组23片
光圈叶片数	8
最大光圈	f/2.8
最小光圈	f/32
最近对焦距离(cm)	120
最大放大倍率	0.21
滤镜尺寸(mm)	77
规格(mm)	89×199
重量(g)	1490

【焦距:70mm 光圈:f/2.8 快门速度:1/125s 感光度:400】

利用长焦镜头远距离拍摄动物

无论是拍摄家中的宠物、动物园中的动物，还是飞翔在天空中或停落在树枝上的鸟类，长焦镜头都是首选。尤其是在拍摄飞鸟时，经常要用到400mm～800mm的超长焦镜头，即使是在动物园中拍摄，也建议使用200mm以上的长焦镜头。这是因为长焦镜头既可以在不打扰动物的情况下拍摄到最自然的状态，又可以虚化背景，虚化人工景物。

利用长焦镜头结合大光圈得到小景深的画面，不仅虚化了周围杂乱的环境，而且简洁的画面也令小鹿更加突出【焦距：300mm 光圈：f/4 快门速度：1/200s 感光度：400】

利用长焦镜头远距离拍摄儿童

为了避免儿童发现有人给自己拍照时产生紧张情绪，最好用长焦镜头抓拍，这样可以在尽可能不影响他们的情况下，拍摄到最真实、自然的照片。

另外，利用长焦镜头拍摄不仅能够将远处的儿童拉近，还可以压缩背景，使背景虚化，更好地突出儿童。

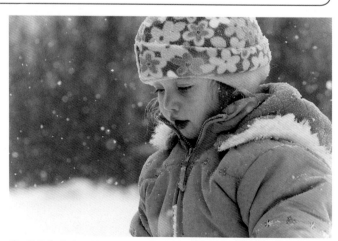

利用长焦镜头拍摄儿童，可以在其没有注意的情况下，帮助摄影师拍摄到自然、真实的画面【焦距：200mm 光圈：f/2.8 快门速度：1/160s 感光度：200】

◉ 利用长焦镜头在画面中表现出较大的太阳

在拍摄太阳时，通常会由于太阳的距离较远，使其在画面中所占据的比例非常小。在标准的35mm画面上，太阳只是焦距的1/100。如果使用50mm标准镜头，太阳大小为0.5mm；而如果使用200mm的镜头时，太阳大小则为2mm。以此类推，当使用400mm长焦镜头时，太阳的大小就能达到4mm。

使用长焦镜头将太阳在画面中放大，在突出主体的同时，还可增强画面的视觉冲击力。因此，如果希望画面中的太阳较大一些，应该使用焦距较长的镜头。

↑ 使用长焦镜头拍摄太阳，太阳看起来非常巨大，远处的山和近处的树呈现剪影效果，增加了画面的层次感和对比度【焦距：300mm 光圈：f/10 快门速度：1/1250s 感光度：100】

◉ 利用长焦镜头表现精美的建筑细节

对于一栋建筑物而言，首先映入眼帘的就是其外部结构。多数建筑物在外部结构上都会有其独特之处，比如结构线条、颜色图案等。

若想拍摄建筑物的全貌，当然首选超广角镜头和广角镜头；但若想拍摄建筑物的细节，则需要使用中长焦镜头。因为中长焦镜头不仅可以很好地表现建筑物的细节，还可以有效地减轻透视变形，更好地呈现建筑物的细节。

➡ 利用长焦镜头将有特色的门洞拉近拍摄，将其充满异域风情的精美雕刻呈现在画面中【焦距：200mm 光圈：f/4.5 快门速度：1/200s 感光度：100】

⊙ 利用长焦镜头拍摄舞台、体育赛事、人文纪实场景

无论是拍摄舞台，还是体育赛场中的运动员，大多数情况下都无法靠近拍摄对象，只能在远处拍摄，因此如果镜头的焦距不够长，拍摄出来的主要对象就会很小，不利于表现主体。

利用长焦镜头可以有效拉近拍摄对象，如果拍摄的舞台或赛场较大，活动的人物较多，利用长焦镜头还能够更方便地对内容进行取舍、构图，使演员或运动员成为画面中精彩的部分。同理，在拍摄人文纪实类题材时，为了保证拍摄时拍摄对象仍处于原生状态，应该用长焦镜头于远处进行拍摄，以免打扰拍摄对象。

↑ 对于舞台、赛场等无法近距离靠近的场景，可以利用长焦镜头拍摄，在不打扰主体的同时获得清晰的画面

⊙ 利用长焦镜头拍摄远处枝头上的小鸟

鸟类天性警觉，容易受到人的惊扰，所以通常要用200mm以上焦距的镜头，在远处鸟类不容易发现的地方进行拍摄。由于这些镜头的镜身通常较长、较粗，形似大炮，因此使用这种器材拍摄鸟类，被摄影爱好者戏称为"打鸟"。

使用长焦镜头拍摄的另一个优点是，如果鸟类所处的位置不易靠近，如在高高的树梢上、远远的湖面小岛上，能够凭借长焦镜头的望远功能，顺利地进行拍摄。

➥ 对易受惊扰的鸟类，需要借助长焦镜头进行拍摄，在不打扰其情况下拍摄到自然、真实的画面【焦距：500mm 光圈：f/6.3 快门速度：1/320s 感光度：640】

9.6 微距镜头的拍摄效果及运用技巧

❂ 微距镜头的焦距范围

　　微距镜头主要用于近距离拍摄物体，它具有1：1的放大倍率，即成像与物体实际大小相同。它的焦距通常为65mm、100mm和180mm等。微距镜头被广泛地应用于静物摄影、花卉摄影和昆虫摄影等拍摄对象体积较小的领域，它也经常用于翻拍旧照片。

❂ 与Canon EOS 77D搭配使用的微距镜头

　　在微距摄影中，100mm左右焦距的f/2.8专业微距镜头，被人称为"百微"，也是各镜头厂商的必争之地。

　　如果要为Canon EOS 77D搭配一款微距镜头，可以优先考虑EF 100mm f/2.8 L IS USM。这款镜头具有的双重IS影像稳定器，能够在通常的拍摄距离下实现相当于4级快门速度的手抖动补偿效果；当放大倍率为0.5倍时，能够获得相当于三级快门速度的手动补偿效果；当放大倍率为1倍时，能够获得相当于两级快门速度的手抖动补偿效果，为手持微距拍摄提供了更大的保障。

　　这款镜头包含了1片对色像差有良好补偿效果的UD（超低色散）镜片，优化的镜片位置和镀膜可以有效抑制"鬼影"和眩光的产生。为了保证能够得到漂亮的虚化效果，镜头采用了圆形光圈，为塑造唯美的画面效果创造了良好的条件。

镜片结构	12组15片
光圈叶片数	9
最大光圈	f/2.8
最小光圈	f/32
最近对焦距离（cm）	30
最大放大倍率	1
滤镜尺寸（mm）	67
规格（mm）	77.7×123
重量（g）	625

　　❹ 利用微距镜头拍摄昆虫，可以看到平时不易看到的细节【焦距：100mm　光圈：f/11　快门速度：1/200s 感光度：100】

9.7 选购镜头时的基本原则

如前所述，不同焦段的镜头有着不同的功用，如85mm焦距镜头被奉为人像摄影的不二之选，而50mm焦距镜头在人文、纪实等领域拥有着无可替代的作用。因此，根据拍摄对象的不同，可以选择广角、中焦、长焦以及微距等多种焦段的镜头，但如果要购买多支镜头以满足不同的拍摄需求，一定要注意焦段的合理搭配。

比如佳能镜皇中"大三元"系列的3支镜头，即EF 16-35mm f/2.8 L II USM、EF 24-70mm f/2.8 L USM以及EF70-200mm f/2.8 L II USM镜头，覆盖了从广角到长焦最常用的焦段，并且各镜头之间焦距的衔接极为紧密，即使是专业级别的摄影师，也能够满足他们绝大部分拍摄需求。

读者在选购镜头时，也应该特别注意各镜头之间的焦段搭配，尽量避免重合，即使出现一定的"中空"，也不应该造成不必要的浪费。

↑ EF 16-35mm f/2.8 L II USM

↑ EF 24-70mm f/2.8 L USM

↑ EF 70-200mm f/2.8 L II USM

← 使用大变焦比镜头，既可拍摄大场景风光，也可拍摄小场景人文景观【焦距：70mm 光圈：f/4 快门速度：1/250s 感光度：100】

Chapter 取景与构图

10

10.1 摄影构图的基本原则

◎ 简洁

　　摄影是减法的艺术，这是被无数摄影人认可的艺术规律。究其原因，实际上就是使画面简洁，以便突出主体，表现画面的主题。简洁并不是指简单，即使是有很多元素的情况下，只要通过恰当、合理的安排，也能够获得画面简洁、主体突出的效果。

　　要获得简洁的画面，可以采取两种简单的方法，第一种在人像摄影中很常用，即采用大光圈虚化背景，从而获得主体突出，画面简洁的照片；第二种在风光摄影中较常用，即通过在画面中留出大量空白区域，使画面看上去简洁而又富有韵味。

⬆ 平静的水面，一只鸟儿在悠闲的散步，画面简洁干净，而通过前景石块的纳入，增强了画面的均衡性和协调性【焦距：320mm 光圈：f/5.6 快门速度：1/2000s 感光度：200】

◎ 均衡

　　除了极个别要表现特殊视觉效果的情况外，绝大多数画面都要求具有均衡感。均衡的画面从视觉上可以给人稳定感。

　　均衡区别于对称的特点是均衡并非是左右两边同样大小、形状和数量相同的景物排列，而是利用近重远轻、近大远小、深重浅轻等符合一般视觉习惯的透视规律，让异形、异量的景物在视觉上相互呼应。当然，对称也是均衡的一种表现形式。

　　要得到具有均衡感的画面，必须要配合使用后面讲述的构图技巧。

➡ 在拍摄落日海景时，摄影师将前景的栈桥和远处的太阳一并纳入镜头，画面给人一种均衡的感觉【焦距：18mm 光圈：f/9 快门速度：1/320s 感光度：100】

10.2 主体与陪体的基本概念

主体

主体指拍摄中所关注的主要对象，是画面构图的主要组成部分，是集中观者视线的视觉中心，也是画面内容的主要体现者，还是使人们领悟画面内容的切入点。它可以是单一对象也可以是一组对象，可以是人也可以是物。总之，主体可以是任何能够承载表现内容的事物。

主体是构图的行为中心，画面构图中的各种元素都围绕着主体展开，因此主体有两个主要作用，一是表达内容，二是构建画面。

↑ 将宠物狗置在白色背景下进行拍摄，画面干净，主体突出，给人一种很萌的感觉【焦距：50mm 光圈：f/6.3 快门速度：1/800s 感光度：100】

陪体

陪体在画面中并非必须，但恰当地运用陪体可以让画面更为丰富，渲染不同的气氛，对主体起到解释、限定、说明的作用，有利于传达画面的主题。有些陪体并不需要出现在画面中，通过主体发出的某种"信号"，就能让观者感觉到画面以外陪体的存在。

↑ 拍摄婚纱类照片时，利用捧花不仅可以说明拍摄环境，渲染氛围，还能丰富画面，增加美感【焦距：150mm 光圈：f/6.3 快门速度：1/320s 感光度：200】

10.3 突出表现主体的4种方法

通过动静对比突出主体

动静对比是一种把图像中运动与相对静止的物体之间的动态关系进行对比的拍摄方法。动静对比可以使画面更具节奏与韵律、对称与均衡感；动与静的对比适于拍摄包含多个主体的题材，例如拍摄成群的鸟类时，运用动静对比可以创作出富有新意的画面。

动与静这一对矛盾体在画面中交相映衬、互相协调，使得平稳的画面中不至过于统一而缺乏变化，使画面主体更加突出。

⬆ 立于水中的火烈鸟与飞起的鸟形成动静对比，增强了画面的动感，营造一种欢快的氛围【焦距：300mm 光圈：f/6.3 快门速度：1/1250s 感光度：100】

通过虚实对比突出主体

人们在观看照片时，很容易将视线停留在较清晰的对象上，而对于较模糊的对象则会自动"过滤掉"。虚实对比的表现手法正是基于这一原理，即让主体尽可能清晰，其他对象尽可能模糊。

⬆ 清晰的花朵与虚化的背景形成对比，突出了花朵的主体地位，同时也为画面营造出了一种朦胧的意境美【焦距：100mm 光圈：f/2.8 快门速度：1/500s 感光度：200】

◐ 通过明暗对比突出主体

合理运用画面的明暗对比，能够很好地突出主体。由于视觉习惯决定了绝大多数人通常先注意画面中更明亮的对象，因此在一幅明暗对比鲜明的画面中，亮处的对象能够在第一时间获得观者的关注。

在拍摄时可以通过增加或减少1挡~2挡曝光补偿，使画面有强烈的明暗对比，或者通过将亮色调的对象安排在较暗的拍摄环境中，以有效突出画面主体。

↑ 摄影师利用低速快门将山间溪流雾化成白色丝状，与两侧的岩石形成明暗对比，增加了画面的均衡性【焦距：50mm 光圈：f/8 快门速度：1/2s 感光度：100】

◐ 通过大小对比突出主体

大小对比通常指的是利用景物自身的大小特征，或借助镜头的透视效果和不同的拍摄位置，来强调主体与陪体间大小的对比关系。

在实际拍摄时既可以大衬小，也可以小衬大，例如，庞大建筑物边的人群常用于衬托建筑物的宏伟，而拍摄平静水面上的小舟时，水面则被用来衬托小舟。

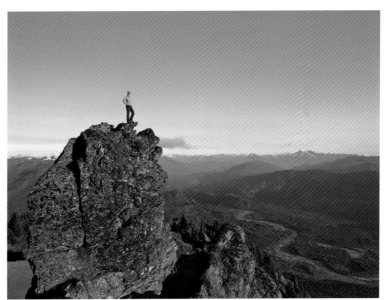

↑ 仰视拍摄直立的山体，山岩顶端的人呈现小小的一个点，二者形成强烈的大小对比，突出了山的高大气势【焦距：200mm 光圈：f/7.1 快门速度：1/250s 感光度：400】

10.4 构图中的环境

一幅摄影作品中除了主体和陪体以外，还有些元素作为环境的组成部分用于烘托主题，并丰富画面的层次。

通常习惯上将处在主体前面的环境组成部分称为前景；位于主体后面的被称为背景，其主要作用是衬托表现主体。

10.5 前景在画面中的5大作用

◉ 利用前景辅助说明画面

前景可以帮助主体在画面中形成完整的视觉印象。有时候仅仅依靠主体很难展现事物的全貌，甚至无法使观者清楚地了解摄影意图。因此，在拍摄时适当以前景作为辅助元素，不但可以交代环境、说明画面，还可以美化整体效果，使画面内容更丰富。

◉ 利用前景美化画面

利用前景美化画面的手法常见于风光、人像、微距等题材的拍摄中。前景可以是花、草地、树木等景物，表现形式可以是虚化的，以更好地突出主体；也可以是清晰的，如拍摄大海时作为前景的礁石、桥梁，以增强画面的延伸性，牵引观者的视线。

➡ 拍摄人像时，可利用大光圈将前景的花卉虚化，不仅增强了画面的唯美感，还使主体更突出【焦距：85mm 光圈：f/4.5 快门速度：1/500s 感光度：200】

利用前景辅助构图

前景可以用于辅助构图，最常见的方式是拍摄城市风光时，在画面的前景处安排人、物、花、树等对象，而在画面的背景处则是高楼大厦，这样可以形成大小对比的效果，突出建筑的雄伟。

利用前景增加画面的空间透视感

在拍摄时，通过调整拍摄角度使画面前景的景物线条呈现一定的透视感，可增加画面的空间纵深感。例如，可以利用桥、建筑线条、礁石等景物线条来提升画面的纵深感。

利用前景丰富画面的层次

前景可以用于丰富画面的影调和色彩，使画面更富有层次。例如，用深色的前景衬托较明亮的背景或主体，以加强画面的纵深感。如果所拍摄的照片是高调效果，还可以用深色前景丰富照片的影调层次。

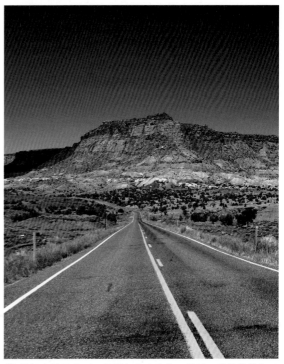

⬆ 拍摄自然风光时，摄影师将公路作为前景，利用其纵向延伸的线条，增加了画面的空间感，使画面更加灵活【焦距：24mm 光圈：f/7.1 快门速度：1/160s 感光度：100】

拍摄雪山时，在前景处加入深色的树木，让画面形成色彩对比，层次感更强烈【焦距：90mm 光圈：f/9 快门速度：1/400s 感光度：100】

10.6 构图中常用的3种视角

平视拍摄表现自然的画面

平视拍摄是指相机所处的位置与拍摄对象在同一水平线上。在日常拍摄中，这种拍摄角度运用的次数最多。另外，平视角度也最不容易产生特殊画面效果。使用平视角度拍摄的画面比较规矩、平稳。

仰视夸张表现主体

拍摄对象处于视平线或相机位置以上的拍摄角度被称为"仰视拍摄"。选择仰视拍摄较容易突出拍摄对象的挺拔与高大，并且还可以有效避开地面上繁杂的环境，将拍摄对象从纷乱的背景中剥离出来，从而使画面更加简洁，主体更加突出。

在拍摄人像、建筑、树木、花卉等题材时经常会用到仰视角度。以仰视角度拍摄往往使作品具有较强的抒情色彩，画面中的物体呈现某种优越感，暗含高大、赞颂、敬仰、胜利等意义，能使观者产生相应的联想，具有强烈的主观感情色彩。

➡ 以一个较低的视角仰视拍摄树木，树冠在空中相交，笔直的树干形成透视效果，使画面极具冲击力【焦距：20mm 光圈：f/13 快门速度：1/200s 感光度：100】

俯视突出画面的空间感

当拍摄景物处于视平线或相机位置以下时被称为"俯视拍摄"。俯视角度拍摄适合于表现规模宏大、透视效果强烈的场景。

俯视角度拍摄有时能够表达强烈的主观、反面、贬义或蔑视的感情色彩。

俯视角度还具有简化背景的作用，当拍摄的背景为水面、草地等单一的景物时，能够取得纯净的背景，从而避开了地平线上杂乱的景物。

另外，俯视角度拍摄可以使前景景物压缩，处于画面偏下的位置，以突出后景中的景物。

采用俯视角度拍摄时，地平线往往在画面上方，增加了画面的纵深感，使画面的透视感更强。

⬆ 使用广角镜头俯视拍摄城市夜景，高耸林立的建筑让画面的空间感得到增强，给人一种开阔的视觉感【焦距：17mm 光圈：f/22 快门速度：1/2s 感光度：100】

10.7 10种常用构图法则

◉ 用黄金分割法构图突出主体

　　黄金分割构图法的要点是拍摄时在水平与垂直方向上将画面三等分，把要表现的主体安排在画面横竖三分之一的位置或者其分割线交叉产生的4个交点位置。

　　例如，当拍摄对象以线条的形式出现时，可将其置于画面三等分的任意一条分割线上；当拍摄对象在画面中以点的形式出现时，则可将其置于三等分的分割线的4个交叉点上。运用黄金分割法构图不仅能避免画面的呆板、无趣，而且会使其更具美感、更加生动。

　　Canon EOS 77D相机的取景器及实时显示拍摄模式都提供了网格线功能来帮助摄影构图，在取景器中可以显示4×4的网格线，在实时显示模式下可以显示三种类型的网格线，一种是符合传统三分法则的传统3×3网格线，一种是6×4的网格线，还有一种是3×3+对角线的网格线。在使用Canon EOS 77D时，可以选择"显示网格线"选项，该选项用于设置是否显示取景器网格，选择"显示"选项，在拍摄时取景器中将显示4×4的网格线，以辅助构图。

❶ 在**设置菜单2**中选择**取景器显示**选项

❷ 点击选择**显示网格线**选项

❸ 点击选择**隐藏**或**显示**选项

↑ 拍摄人像时可将模特置于画面的黄金分割点处，这是画面中最舒服的视觉焦点，更能突显模特清新美丽的特质【焦距：100mm　光圈：f/4　快门速度：1/500s　感光度：100】

◉ 用水平线构图拍摄出具有安定感的画面

水平线构图，即通过构图手法使画面中的主体景物在照片画面中呈现为一条或多条水平线的构图手法。因此水平线构图是典型的安定式构图，常用于表现表面平展、广阔的景物，如海面、湖面、草原、田野等题材。

采用这种构图的画面能够给人以娴雅、幽静、安闲、平静的感觉。

当水平线与画面的水平边框重合在一起时，能使画面具有明显的横向延伸形式感，如果在画面中有多条水平线，则能够起到强调这种感觉的作用。

根据水平线位置的不同，可分为低水平线构图、中水平线构图和高水平线构图。

高水平线构图

这是指画面中主要水平线的位置在画面靠上1/4或1/5的位置，重点表现水平线以下的部分，如大面积的水面、地面等。

⬆ 利用高水平线拍摄湖面，用大面积的空间来表现碧蓝的水面，给人一种宽阔、宁静的感觉【焦距：30mm 光圈：f/9 快门速度：1/500s 感光度：100】

中水平线构图

这是指画面中的水平线居中，以上下对等的形式平分画面。采用这种构图形式的目的，通常是为了拍摄上下对称的画面。

低水平线构图

这是指画面中主要水平线的位置在画面靠下1/4或1/5的位置。采用这种水平线构图的目的是为了重点表现水平线以上的部分，如大面积的天空。

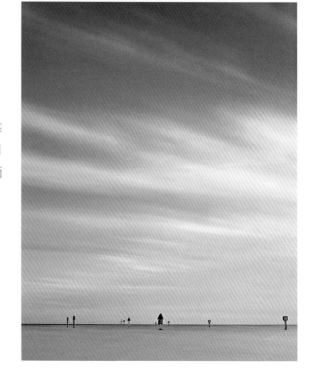

➡ 利用低水平线进行构图，有利于表现天空大面积的流云，而水面的陪体，让画面看上去更均衡【焦距：24mm 光圈：f/18 快门速度：1/30s 感光度：200】

◉ 用垂直线构图表现树木或建筑

垂直线构图，即通过构图手法使画面中的主体景物在照片画面中呈现为一条或多条垂直线，以表现高耸、向上、坚定、挺拔感觉的一种构图手法。采用这种构图的照片画面整体呈竖向结构，常用于表现参天的大树、垂挂的瀑布、仰拍的楼体、人物等竖向垂直、细高的拍摄主体。

如果要表现向上生长的树木及其他竖向式的景物，可以使用上下穿插直通到底的垂直线构图，让观者的视觉超出画面的范围，感觉到画面中的主体可以无限延伸。因此照片顶上不应留有白边，这样才能给人以形象高大、上下无限延伸的感觉，否则观者在视觉上就会产生"到此为止"的感觉。

⬆ 采用垂直线构图拍摄树林，利用线条向上的延伸效果，将树木笔直、挺拔的气质表现得很好【焦距：35mm 光圈：f/13 快门速度：1/160s 感光度：200】

◉ 用S形曲线构图表现婀娜婉转的主体

S形曲线构图，即通过调整镜头的焦距、角度，使所拍摄的景物在画面中呈现S形曲线的构图手法。由于画面中存在S形曲线，因此其弯转、曲伸所形成的线条变化，能够使观赏者感到趣味无穷，这也正是S形构图照片的美感所在。

如果拍摄的题材是女性人像，可以利用合适的摆姿使画面呈现漂亮的S形曲线。

在拍摄河流、道路时，也常用这种S形曲线构图手法，来表现河流与道路蜿蜒向前的感觉。

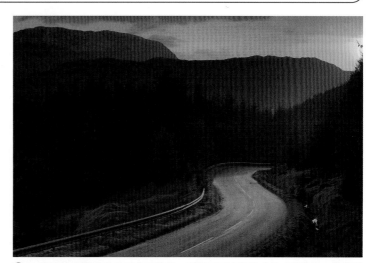

⬆ 山间的柏油路呈现 S 型曲线效果，增强了画面的形式美，营造出一种蜿蜒向前的氛围【焦距：50mm 光圈：f/16 快门速度：1/320s 感光度：200】

用斜线构图增强画面的延伸感

斜线构图，即画面中的主体形象呈现为倾斜的线条。

斜线构图能够表现出运动感，使画面在斜线方向有视觉动势和运动趋向，从而使画面充满了强烈的运动速度感。拍摄激烈的赛车或其他速度型比赛，常用此类构图。

例如，使用这种构图拍摄茅草，能够体现轻风拂过的感觉，为画面增加清爽的气息。

↑ 利用斜线构图来表现桥梁，形成视觉引导，将观者的视线引向对岸，增强了画面的空间感和纵深感【焦距：24mm 光圈：f/18 快门速度：1/200s 感光度：100】

用三角形构图增强画面的稳定感

三角形构图，即通过构图使画面呈现一个或多个正立、倾斜或颠倒的三角形的构图手法。

三角形通常被认为是山的抽象图形轮廓，能够给人一种稳定、雄伟、持久的感觉。当三角形正立时，由于这种图形不会产生倾倒之感，所以经常用于表现人物的稳定感、自然界的雄伟；如果三角形在画面中呈现倾斜与颠倒的状态，则会给人一种不稳定的感觉。

↑ 以广角镜头拍摄远处的山体，山体呈三角形构图，给人一种沉稳、厚重的感觉，前景处突然闯入的小船打破宁静，为画面增添了几分生气【焦距：22mm 光圈：f/13 快门速度：1/200s 感光度：100】

◉ 用透视牵引构图有效引导观者视线

透视牵引构图，即通过构图使画面中主体或陪体的轮廓线条呈现近大远小的透视效果，从而突出画面纵深感的构图手法。

在平面的图像中表现三维空间并不是一件容易的事。要使照片具有空间感、立体感，需依赖透视规则。当画面中的景物有明显的近大远小或近实远虚效果时，观赏者就会感受到照片的空间感。

这种构图手法常用于拍摄桥梁或笔直的道路，使画面具有很强的纵深感，同时增强画面尽头的神秘感、未知感。

⬆ 通过利用木桥近大远小的透视原理，将观者的视线引向远处的海面，增加了画面的空间感和纵深感，使其看起来更加壮阔辽远【焦距：17mm 光圈：f/13 快门速度：1/400s 感光度：100】

◉ 用散点式构图使画面有较强的韵律感

散点式构图就是以分散的点的形状构成画面，其主要特点是"形散而神不散"。就像珍珠散落在银盘里，整个画面景物有聚也有散，既存在不同的形态，又统一于照片的背景中。

散点式构图最常用于以俯视的角度拍摄地面的牛、羊群或马群，或草地上星罗棋布的花朵。

⬆ 画面中展翅飞翔的雁群在空中排成人字形，增强了画面的形式美，蔚蓝的天空作为背景让画面显得更加纯粹自然【焦距：300mm 光圈：f/4 快门速度：1/800s 感光度：400】

用对称式构图使画面具有较强的均衡感

对称式构图是指画面中两部分景物以某一根线为轴，在大小、形状、距离和排列等方面相互平衡、对等的一种构图形式。

通常采用这种构图形式来表现拍摄对象上下（左右）对称的画面，这些对象本身就有上下（左右）对称的结构，如鸟巢、国家大剧院就属于自身结构是对称形式的。因此摄影中的对称构图实际上是对生活中美的再现。

还有一种对称式构图是由主体与水面或反光物体形成的对称，这样的画面给人一种协调、平静和秩序感。

⬆ 画面中的建筑和水中的倒影形成对称式构图，增强了画面的均衡感，给人一种对称的形式美【焦距：24mm 光圈：f/8 快门速度：1/5s 感光度：200】

用框架式构图表现另有洞天的感觉

框架式构图，即利用前景使画面出现在一个或规则或不规则的"框"里，"框"中间的部分安排画面主体的构图手法。通常可以采用门、窗、山洞、树枝等作为前景，使画面周围形成一个或规则或不规则的边框。

使用框架式构图的优点不仅在于能够引导观赏者的视线，使之聚焦在照片的重点景物上，而且还能遮挡那些不美观的景物，给人身临其境的现场感受。此外，如果作为画框的景物选取得当，还能够为画面添加富有特色的装饰感与图案感。

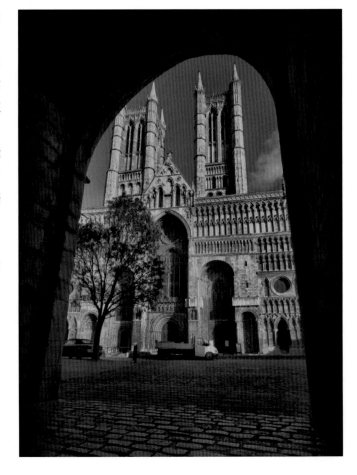

➡ 把前景处的门洞当作框架，将对面的建筑和蓝天收进画里，形成框架式构图，给人一种新鲜感【焦距：17mm 光圈：f/16 快门速度：1/160s 感光度：100】

10.8 利用构图元素——点、线美化画面

当通过摄影将三维世界表现成为二维平面时，所有景物均被转换成为最基本的几何元素，即点、线、面。因此，在一幅画面中，这些构图元素组合的越恰当，画面的美感就越强。

❖ 摄影构图中的点

摄影构图中点的类型

点是一个渺小、抽象的存在，在二维空间中，它只有位置，没有大小。在摄影中，点的划分主要是依据画面中的对比关系，小如人眼中的星星、蚂蚁，大如高楼、人物等，都可以成为画面中的点。

摄影构图中点的作用

点可以说是摄影构图画面中必不可少的元素，它可以对画面起到平衡作用，使画面变得稳定；也可以成为画面的焦点和视觉的中心。

摄影构图中点的经营

当遇到画面中充满点的时候，视觉会被分散，所以这些点的内容、形态或主题应该有一定的联系，避免人们产生主动去"阅读"每个点的欲望，这样只会让画面失去视觉中心变得杂乱。

⬇ 伫立在篱笆上的鸟群形成散点式构图，并成为视觉中心点，使画面的均衡感得到增强【焦距：100mm 光圈：f/9 快门速度：1/400s 感光度：250】

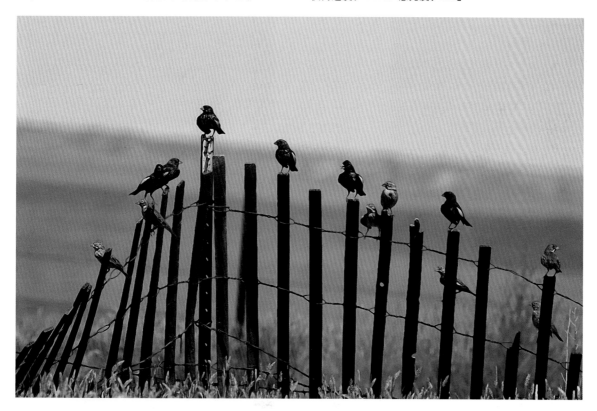

用线条使画面具有情绪与美感

有形的线条与无形的线条

在画面当中，线条可分为两类，一类是有形线条，另一类是无形线条。

有形线条一般指物体轮廓线或影调与影调间各自的界线，是人们把握一切物体形状的标准。有形线条直观、可视。

无形线条看不见摸不着，通常指彼此具有一定关系的物体构成的假定线条，如有规律排列的景物形成的虚线、人物的视线、动体的趋向线、动作线、事物之间的关系线等。无形的线条使画面更内敛、含蓄，更有寓意，因此，在注意运用有形线条进行画面造型的同时，更要加强对无形线条的观察、提炼和运用。

⬆ 摄影师透过车窗拍摄到斜拉桥的钢索线条，放射状的线条使画面非常具有张力【焦距：20mm 光圈：f/13 快门速度：1/160s 感光度：100】

不同线条给人的感受

不同形状的线条往往能引起观者不同的情绪和感觉。当观者看到形状不同的线条时，往往会依据日常生活中视觉感知的经验，调动艺术想象力，为线条赋予情感与想象。

- 直线往往给人以刚直、有力感。
- 曲线往往给人优美、圆通、优雅、律动的感觉。
- 垂直线条往往给人以崇高、庄严、向上、高大、稳定、刚毅的感觉。
- 水平线往往给人安静、平稳、宽广、萧条的感觉。
- 波浪状线条会给人轻快流动、节奏平缓的感觉。
- S形线条给人以优美抒情、流畅、轻快、曲折、富有节奏之感。
- 放射线条给人热情奔放、活跃、向外辐射发散的感觉，有突出中心，向外扩展的视觉功能。
- 倾斜线条往往给人以运动、动荡、不安、倾倒、矛盾的感觉。
- X形线条给人深远、空旷、纵深、遥远的感觉。
- 圆形线条往往给人以运动、滚动、圆满、优美、完满、舒适、柔和的感觉。

不同线条给人的不同感受是摄影师在构图时运用线条的依据，只有理解线条的属性，才能够通过运用线条，使画面更有美感与情绪。

⬆ 夕阳下，大片的郁金香从镜头处延伸向远方，直到消失在太阳落下的地方，增加了画面的空间感和纵深感，营造出一种意境美【焦距：24mm 光圈：f/13 快门速度：1/120s 感光度：100】

⬆ 楼梯形成的斜线使画面简洁且具有动感

3种提炼线条的方法

除了通过观察在拍摄场景中寻找线条外，还可以通过一定的技术手段，在画面中提炼、强化线条。下面是较常用的方法。

合理运用不同焦距的镜头

运用不同焦距镜头的不同造型功能可以起到提炼线条的作用。其中，广角镜头会夸张线性透视，强化纵向线条的特征；长焦镜头会压缩纵向空间，强调横向排列的线条；变焦镜头则可以拍摄爆炸式画面，产生由画面中心向外扩散的虚线条。

↑ 将镜头从广角端旋转至长焦端，可以提炼出放射状的光线，让画面充满魔幻色彩【焦距：35mm 光圈：14 快门速度：10s 感光度：100】

灵活控制快门速度

利用快门速度的变化也可以提炼出线条：高速快门可以凝固动体的动作，体现不同的线条姿态；低速快门则可以使动体产生拉长的虚线条。另外，采用B门或者T门拍摄还可以将较暗环境中的发光动体拉成较亮的线条，使点变成线。

↑ 瀑布与岩石的明暗差距较大，因此在拍摄时减少了曝光补偿，使得岸边岩石更暗，白纱般的流水线条更加突出【焦距：35mm 光圈：f/9 快门速度：1/2s 感光度：400】

改变画面曝光量

利用曝光控制使画面中不同部分产生较大的明暗反差，也可以提炼线条。比如拍摄夕阳下的小河，波光粼粼的河面会亮于河岸上的景物，按照河面的波光部分确定曝光值，河岸景物会明显曝光不足，显得非常深暗，从而能突显小河的线条。

↑ 摄影师利用低速快门对着车流进行长时间的曝光，得到线条流畅的车流轨迹，为城市的夜景增加了几分美感【焦距：30mm 光圈：f/14 快门速度：20s 感光度：100】

🔹 利用线条形成视觉流程

什么是视觉流程

在摄影作品中，摄影师可以通过构图技术，引导观者的视线在欣赏作品时跟随画面中的景象由近及远、由大到小、有主及次地欣赏，这种顺序是基于摄影师对照片中景物的理解，并以此为基础将画面中的景物安排为主次、远近、大小、虚实等变化，从而引导观者第一眼看哪儿，第二眼看哪儿，哪里多看一会，哪里少看一会，这实际上也就是摄影师对摄影作品视觉流程的规划。

一个完整的视觉流程规划应从选取最佳视域、捕捉观者的视线开始，然后是视觉流向的诱导、流程顺序的规划，最后到观者视线停留的位置为止。

⬆ 摄影师利用海岸线将观者的视线引向海中的礁石，继而是夕阳的余晖，画面景物的先后安排给人一种秩序感【焦距：17mm 光圈：f/14 快门速度：5s 感光度：200】

利用线条规划视觉流程

线条是规划视觉流程时运用最多的技术手段。

例如，当照片中出现了人或动物时，观者的视线会不由自主地顺着人或动物的眼睛或脸的朝向观看，实际上这就是利用视线来引导欣赏者的视觉流程。

又如，任何景物都有线条存在，这些线条不仅可以给画面带来形式美感，也可以引导观者的视线。这种在画面中利用实体线条来引导观者视线的方式是最常用的一种视觉引导技法。

⬆ 画面中呈剪影效果的小路，将观者的视线引向太阳落下的地方【焦距：18mm 光圈：f/16 快门速度：1/60s 感光度：100】

Chapter 深入理解构图

11

11.1 拍摄之前"预见"画面效果

为了通过构图更好地表现拍摄对象，摄影师应该具有拍摄前"预见"画面构图效果的能力，这种视觉预想的能力对于希望拍出好照片的摄影师而言非常重要。

为了锻炼视觉预想的能力，可以通过在以下几个方面对自己进行提问来练习。

1. 照片类型

是想在画面中表现一种情绪还是想将对象表现为一种简单纯粹的美？是希望通过照片讲述一个故事，还是仅仅展示一个新奇的观察角度，或一个有意思的想法？

2. 画面效果

最终画面是彩色的还是黑白的？希望照片具有什么样的质感？画面的对比度如何？

3. 布光效果

拍摄时的光线是软光还是硬光，是否需要改变光线质感？画面中光源是单一光源还是混合型光源，是否需要改变？

4. 后期调整

是否需要进行后期调整？如果需要调整，应该在拍摄时怎样为后期调整留下余地？

最重要的是，在考虑这些问题之后，应该如何通过构图配合要拍摄或表现的内容？

虽然看起来要考虑的问题不少，但实际上当拍摄之前习惯这种思考方式后，不会花费太多时间。如果长期坚持在拍摄之前认真考虑这些问题，就能够快速提高摄影水准。

➡ 左图由于没有预想拍摄后的效果，所以画面显得杂乱无章；右图中摄影师提前做了"预见"画面效果，利用前景海草的线条引导视觉流程，增强了画面的纵深感和空间感，所以画面看起来非常整洁【左 焦距：30mm 光圈：f/9 快门速度：1/100s 感光度：800】【右 焦距：14mm 光圈：f/9 快门速度：1/100s 感光度：800】

> **提示**
>
> 照片不会因拍摄场景的客观环境而受到影响，但摄影师对主题敏锐的洞察力，以及熟练掌握的构图知识，就可以将不出众的场景拍摄成很出色的构图作品。应学会事先"预见"到可利用广角镜头的透视性能加强岸边的岩石的纵深效果，形成透视牵引构图。这就是从相机的角度去观察景物的魅力。

11.2 以简化思维辅助构图

许多复杂的画面都可以利用简单的形状来概括，这样做的好处是便于摄影师从拍摄场景中提炼出重要元素，并通过视觉预想在脑海中快速完成构图。

下面列举了几个拍摄场景，并展示了如何利用简化思维将这些场景简化成为点、线、面。通过观察这些图示可以看出来，拍摄场景被简化后能够很轻松地找到更合适的构图方法。

在表现太阳时，注意不要将其安排在画面的中间，以避免画面显得过于呆板，应放在画面的黄金分割点上。

在表现一个充满整个画面的物体时，不要将其安排在画面的正中位置，可以尝试"切掉"一部分，给画面留下想象的空间。

当画面中有地平线时，注意不要将地平线安排在画面的中心位置，这样会让画面有割裂感，应该将线条安排在画面三分线处。

拍摄向远处消失的铁轨、河流或道路时，其消失点应安排在画面的黄金分割点处，而不是中间位置。

11.3 利用加减法进行构图

❂ 以减法原则进行构图

为了更好地突出要表现的主体，拍摄时需要对画面场景进行提炼、滤除，以虚化无关的杂乱细节，使简洁的画面更有艺术气息。拍摄时可通过镜头效果、取景控制、光影及色彩特性等方式对画面元素进行取舍，以简化影响画面主体表现力的景物。

阻挡减法

阻挡减法构图的重要因素不在于摄影器材，而是摄影师对拍摄画面的观察力。在取景前通常应先进行观察与分析，随时调整拍摄角度，寻找主体或前景能阻挡背景中过多细节或杂乱的视角，得到简洁的画面，从而达到突出主体的效果。

⬆ 摄影师通过利用前景的三角形阴影进行框架式构图，遮盖了画面中多余的元素，重点突出了建筑顶端的亭台，增强了画面的形式美。给人一种别有洞天的新鲜感【焦距：30mm 光圈：f/8 快门速度：1/250s 感光度：200】

景深减法

景深减法是一种常用的构图方式，通过调整镜头焦距、光圈大小、拍摄距离等因素控制画面的景深，以达到主体清晰、背景模糊的画面效果。景深减法构图的关键是虚化背景，虚化效果越明显，减法的效果就越突出。

⬆ 利用大光圈将背景虚化，得到清晰的花卉主体【焦距：100mm 光圈：f/3.2 快门速度：1/200s 感光度：500】

以加法原则进行构图

构图中的加法是指在拍摄场景中加入一些元素，使主题更鲜明，画面更有意境、内涵。需注意的是，所有的加法都应是合乎逻辑的，切勿喧宾夺主。

为了使平淡的画面更有味道，有时需要耐心等待。例如，拍摄夕阳时，等待一群鸟飞过，画面会更有意境；拍摄古巷时，等待一群人出现，画面会更有韵味；拍摄花草时，等待蜜蜂或蝴蝶进入画面，得到的效果会更加生动……这样的等待也许会需要不少时间，但丰富的元素会使画面更加传神。

↑ 表现粉红色的花卉时，如果画面只有花卉未免显得单调，纳入蝴蝶不仅丰富了画面元素，还为画面增添了几分生气【焦距：100mm 光圈：f/2.8 快门速度：1/1000s 感光度：400】

➔ 拍摄日落时，恰巧一对鸭子从镜头前经过，摄影师顺利抓拍到这一难得的陪体，使画面内容更加丰富，给人一种均衡感【焦距：130mm 光圈：f/8 快门速度：1/1000s 感光度：200】

11.4 利用留白进行构图

◎ 利用留白为画面营造意境

　　中国画论中有"画留三分空，生气随之发"的说法，指的是在画面里留出空白，可以表达画面之外的深邃意味。这样的空白既可以理解为"什么都没有"，也可以理解为"什么都有"，其意在于引导观者根据自己的艺术素养进行联想，感受此处无声胜有声的意境。例如，西方雕塑断臂维纳斯的残缺美就给观者留下了深刻的印象，更重要的是给观者以想象的空间。

　　由于绘画与摄影同为视觉艺术，因此留白理论同样适用于摄影。摄影时，刻意留白可以起到营造意境的作用，使画面一目了然，倍显空灵。

　　在此需要强调的是，空白不一定是纯白或纯黑，只要色调相近、影调单一、从属于衬托画面实体形象的部分，如天空、草地、长焦虚化的背景物等，都可称为空白。

⬆ 光滑如镜的水面，一前一后停着两只小船，夕阳映在水面形成大面积的暖色留白，与船体形成冷暖对比，增强了画面的意境美【焦距：100mm　光圈：f/9　快门速度：1/200s　感光度：800】

◎ 利用留白延伸画面的空间感

　　在一幅摄影作品中，主体实像与留白部分是相互依存的。留白部分既可以衬托、说明主体，又可以对主体形象进行补充、强化。在主体人物视线的前方留白可以补充人物的视线空间，以寻求画面的平衡。

⬆ 山前云雾环绕村庄，与天空洁白的云彩相互呼应，翠绿的山在云雾间若隐若现，房子在水面形成倒影，不仅增强了画面的层次感，还为画面营造了一种安静和谐的意境美【焦距：35mm　光圈：f/8　快门速度：1/400s　感光度：200】

◉ 利用留白形成运动空间

　　如果在运动对象的前方留白，能够形成有效的运动空间，帮助观者感受运动对象的运动趋势，这十分符合观者的视觉习惯，观者不会由于视线受阻而产生不舒适的感觉。

　　另外，在物体的光线入射方向也应留出较多的空白，避免"闭门思过"式的画面构图，但在谋求画面特殊效果时例外。

⬆ 摄影师利用长焦镜头抓拍到鸟儿捕鱼的瞬间，并在构图时故意在其前方留下2/3的留白，形成运动空间，增强了画面的动感【焦距：300mm 光圈：f/6.3 快门速度：1/1000s 感光度：1000】

◉ 控制留白区域的比例

　　要注意把握空白与实体部分之间的比例，避免画面太空或太散的现象出现，一般应将比例控制在6：4至1：9之间，不能让画面过空，也不能造成均分画面的分割感。

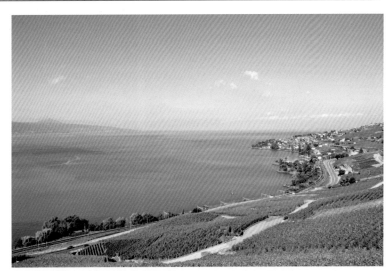

⬆ 一定的留白可以增强画面的均衡感，但留白的比例要控制得当，以避免画面过于空洞或被平分【焦距：18mm 光圈：f/10 快门速度：1/320s 感光度：200】

11.5 以更巧妙的方式寻找恰当的拍摄视角

　　视角的不同会对画面产生非常大的影响。学会在拍摄前多从不同的位置去观察，体会透视变化给画面内涵所带来的改变，养成善于从不同角度观察的习惯，有助于你以最佳的角度来表达拍摄对象。

　　下面是一些可以考虑使用的观察方法。

- 先围绕拍摄对象走一圈，注意它与周围环境相对位置的变化，也许有的角度拍摄对象会与背景融合在一起，而换个角度则会使对象突出于背景。
- 靠近拍摄对象，再慢慢远离它，同时注意它与周围环境之间的空间变化。
- 在每个位置上都尝试从俯视、平视、仰视的角度进行观察。
- 在移动位置的同时，尝试使用广角端和长焦端进行观察。

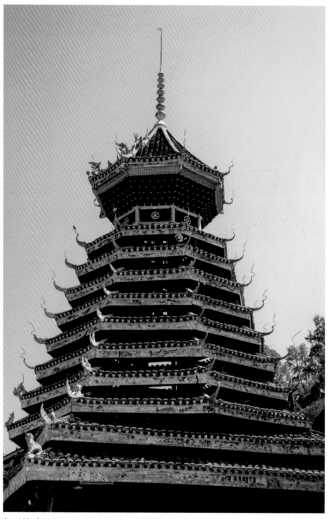

⬆ 拍摄前从各个角度对建筑进行观察，最终拍出各种类型的建筑画面，无论是表现建筑特色的，还是表现局部特写的画面都很精彩

11.6 通过构图使画面疏密有致

疏与密是画面空间方面的两个对立概念，也是摄影构图中两个影响布局手段的重要元素。在绘画领域疏与密也叫"开"与"合"、"聚"与"散"，讲究"疏可走马，密不透风"。

只有密，没有疏，画面就显得拥挤。即使是密集型的构图，也应在密中有疏进行搭配。如果只有密而没有疏，就是只有统一而无变化，正所谓"密不当，易于板结、沉闷"。

只有疏，没有密，画面就会如一盘散沙，只有变化，而无统一，就会出现"疏不当，易于凌乱、松弛、拖泥带水"的结果。

有意识地进行疏密处理，除了可以使画面产生节奏变化外，还可以引导观者的视线，从中找到具有规律性的疏密变换节奏。

对于画面疏密的安排处理，最后需要记住的也是最关键的一条就是要敢于密集，敢于空旷。

↑ 沙滩上起飞的鸟群与宽广的天空形成疏密对比，画面错落有致、均衡自然【焦距：180mm 光圈：f/8 快门速度：1/2000s 感光度：1600】

11.7 利用图案进行构图

图案是指由线条、形状、色彩等组合而成的具有一定规律的视觉元素，很多元素以其大面积的鲜艳色彩和独特的形状成为上佳拍摄题材，如树林、田地、大面积的花海。

拍摄时可以摄入破坏这些规律图案的元素，如在大片的黄色油菜花田野里安排一个身着白衣的少女，从而让画面更清新。

但是，在构图时应避免把这些破坏性元素放在画面的正中央，那样会让画面产生一种向心的规律性，起不到破坏图案的作用。

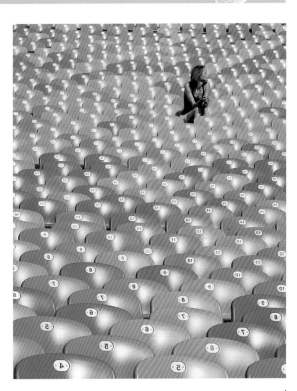

➲ 摄影师将镜头对着生活中常见的场景，利用错落有致的椅子形成大面积的图案，并将人物置在画面的黄金分割点上，打破了密集图案带来的沉闷感，给人一种真实、自然的生活场景【焦距：70mm 光圈：f/16 快门速度：1/320s 感光度：100】

11.8 通过构图使画面富有节奏感

　　节奏感构图与图案构图有点类似，都是在画面中重复出现相近的形状、线条、物体甚至色彩，当重复呈现出一种动态或动作时就会构成一种视觉的能量，进而形成规律。而图案构图则没有明显的规律，比较随意。

　　通常，节奏感构图重复出现的元素会很有规律，有明显的渐次变化，且富有节奏感的变化（单纯重复的元素只构成图案）。节奏感强的照片会给人深刻的感觉，可以使画面信息有更强的感染力。

　　一些原本平淡无奇的画面元素，如果是以强烈的节奏感出现，即以规律性重复出现在画面中，便会形成视觉上的趣味，给人留下深刻的印象。

⬆ 利用广角镜头拍摄海边的更衣室，红白相间的线条呈现有规律的渐次变化，并形成透视效果，增强了画面的节奏感，给人一种强烈的视觉冲击【焦距：18mm 光圈：f/6.3 快门速度：1/500s 感光度：100】

11.9 突破构图法则的束缚

　　优秀的构图并没有真正意义上的标准，没有必要生搬硬套某种构图。当然，所谓的三分构图、曲线构图着实不错，可以让你更快捷地选择构图。不过，遵循这些原则不代表一定能拍出好的照片，抛弃这些原则也不代表一定就拍不了好照片。事实上，这种构图千篇一律，并没有新意可言。

　　这就需要我们在熟练掌握普通构图后，继续发掘新的构图。所谓无招胜有招，无规则的构图更新颖，与众不同的拍摄手法更深入人心，更能感染观者，让人过目不忘。

　　需要注意的是，想要打破经典构图的常规，不仅需要十足的勇气，熟练掌握基本构图知识，还需要良好的创新精神，以及对场景的充分理解。

➡ 摄影师将镜头对着建筑上人群的倒影进行拍摄，金灿灿的背景很耀眼，人物呈现剪影效果，并出现不同程度的变形，增加了画面的趣味性和新鲜感【焦距：185mm 光圈：f/8 快门速度：1/250s 感光度：100】

Chapter 光线、色彩与白平衡的运用

12

12.1 光线的性质

直射光

直射光充满力量感，能赋予画面强烈的视觉效果。与散射光一样，直射光的形成原因也可以分为两种：一种是有明显投射方向的晴天下的阳光，另一种是指人工控制灯光设备得到的无遮挡直射光线。

直射光有明确的方向性，并会在画面中形成强烈的明暗对比，因此特别适合展现对比度较大的风景画面，人像摄影中的男性和老人，或是静物摄影中质感粗糙的非反光体等。

在侧光或逆光的角度下，能够强化这种光线的力度与方向感。

⬆ 使用侧光光线拍摄山体，山体在蓝天的映衬下，其体积感和立体感表现得十分突出【焦距：150mm 光圈：f/5.6 快门速度：1/80s 感光度：100】

散射光

散射光一般可以分为两种类型：一种是自然光形成的散射光，如在阴天、雾天的光线均属于漫散射光线；另外一种是人工控制的散射光，如经过大型的柔光箱过滤后的光线，通过反光伞等其他柔光材料柔化后的光线。

散射光的典型特征是光线没有明确的方向性，所照明的物体也就没有鲜明的投影，明暗反差较弱。因此，用这种光线拍摄的画面，给人宁静、淡雅、细腻、柔和的感觉。比较适合拍摄风光摄影题材中的高调画面，或人像摄影题材中的少女、儿童。

⬆ 利用散射光拍摄松鼠，在均匀的光线照射之下，松鼠身上的毛发清晰分明，画面具有强烈的现场感【焦距：300mm 光圈：f/4 快门速度：1/800s 感光度：100】

12.2 常见的光线方向

光和影凝聚了摄影的魅力，随着光线投射方向的改变，在物体上产生的光影效果也随之发生了巨大的变化。

在拍摄照片时，根据光与拍摄对象之间的位置，光可以划分为：顺光、前侧光、侧光、侧逆光、逆光、顶光。这6种光线有着不同的照明效果，只有在理解和熟悉不同光线的照射特点的基础之上，才能巧妙、精确地运用这些光线位置，使自己的照片具有更精妙的光影变化。

↑ 光位示意图

◎ 顺光使景物受光均匀

顺光是指从被摄景物正面照射过来的光线。顺光照射下的景物受光均匀，没有明显的阴影或者投影，景物的色彩饱和度好，画面通透、颜色亮丽，在画面中能够表现出鲜艳的颜色。

大多数情况下，使用相机的自动挡就能够在顺光下拍摄出不错的照片，因此多数摄影初学者喜欢在顺光下拍摄。

需要指出的是，顺光照射下由于景物受光均匀导致被摄景物缺乏立体感及空间感。为了弥补顺光立体感、空间感不足的缺点，拍摄时要尽可能地通过构图，使画面中明暗搭配，例如，以深暗的主体景物配明亮的背景、前景，或反之。也可以运用不同景深对画面进行虚实处理，使主体景物在画面中很突出。

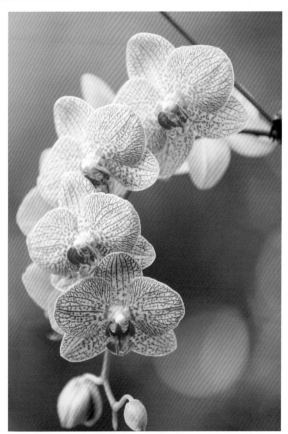

↑ 摄影师使用顺光拍摄花卉，得到主体清晰、纹理丰富的画面，给人一种通透的感觉【焦距：200mm 光圈：f/2.8 快门速度：1/40s 感光度：100】

◐ 侧光使景物明暗对比鲜明

　　当光线投射方向与相机拍摄方向呈90°角时，这种光线即为侧光。由于侧光有强烈的明暗反差效果，在画面中可以体现出对比明显的受光面、背光面和投影关系，非常有利于表现粗糙的质感，是拍摄岩石、皮革、棉麻等材质的理想光线。

　　另外，侧光照射下的拍摄主体阴影浓郁，明暗对比强烈，使画面有一种很强的立体感与造型感。所以说，侧光是比较丰富、生动的造型光。

⬆ 利用侧光拍摄山体，画面明暗对比强烈，增强了山的立体感【焦距：100mm 光圈：f/9 快门速度：1/100s 感光度：100】

◕ 前侧光使景物明暗分配协调

　　前侧光就是指从拍摄对象的前侧方照射过来的光，亮光部分约占拍摄对象2/3的面积，阴影暗部约为1/3。利用这种光线拍摄出来的画面比使用顺光时的阴影更明显，比使用正侧光的亮光部分更大，即画面的光线效果介于这两者之间。

　　前侧光拍摄的照片使景物大部分处在明亮的光线下，少部分构成阴影，既丰富了画面层次，突出景物的主体形象，又使画面显得协调，给人以明快的感觉，拍摄出来的照片反差适中、不呆板、层次丰富。

　　利用前侧光拍摄人像、建筑、花木、山水、沙漠、田园等题材时，可以得到有层次感、立体感和空间透视感的画面。

➡ 利用前侧光拍摄人像，画面明暗协调，让模特的整体形象更加丰盈【焦距：45mm　光圈：f/7.1　快门速度：1/200s　感光度：200】

◕ 侧逆光使景物有较强立体感

　　光线从拍摄对象的后侧面射来，既有侧光效果，又有逆光特点的光线，就是侧逆光。侧逆光的光照情况正好与前侧光相反，拍摄对象的受光面积小于背光面积，阴影暗部大，光亮部小。侧逆光既有侧光效果又有逆光效果，具有极强的表现力。

　　在使用侧逆光拍摄时，要注意仔细比较、选取光线角度。只要发现侧逆光对物体的轮廓勾勒已经能够描绘出其特征，就不能再让光线过多地照射至其侧面，以避免失去侧逆光的神秘色彩。要做到这一点，必须认真、仔细地选择拍摄角度。

➡ 用侧逆光拍摄人像，模特的头发边缘出现漂亮的轮廓光，为避免模特面部过暗，可利用反光板对其面部进行进行补光【焦距：70mm　光圈：f/4　快门速度：1/125s　感光度：400】

逆光使景物呈现简洁的轮廓

逆光即来自拍摄对象后方的，投射方向与相机镜头的光轴方向相对的光线。

在逆光条件下，景物只有极少部分受光，阴影比较多，往往可以形成暗调效果，因此是表现低调画面的理想光线。

用逆光拍摄建筑、雕像等坚实的物体时，往往会呈现出清楚的轮廓线和强烈的剪影效果。如果拍摄花朵、草丛、毛发等表面柔软的物体，其表面的纤毛会在逆光下呈现出半透明光晕，不仅能够勾勒出物体的轮廓，将物体和背景拉开距离，还能够使拍摄对象看上去有种圣洁的美感。但是，无论拍摄哪种题材，如果在逆光拍摄时曝光不正确，就无法得到想要的效果，所以在拍摄时最重要的一个原则是，要充分考虑最终画面中景物的明暗划分。

在拍摄时，通常可以采取以下3种方法进行曝光，获得想要的画面效果。

①当景物最有表现力的部分位于暗部时，对暗部进行测光，以保证暗部的层次。

②当主要表现拍摄对象的轮廓形态时，按亮部曝光，形成剪影或半剪影效果。

③当景物最有表现力的部分处于中间影调时，采用亮暗兼顾曝光，取亮暗之间的中间值进行曝光，保留景物的大部分层次。

拍摄漂亮剪影画面的技巧

发现剪影的技巧，在逆光下眯起眼睛观察主体，通过让进入眼睛的光线减少，将拍摄对象模拟成为剪影效果，从而更快、更好地发现剪影。

关于构图技巧：如果拍摄的是多个主体，不要让剪影之间产生太多的重叠，因为重叠后的剪影可能让人无法分辨其原来的形态，从而失去剪影的表现效果。

关于创意技巧：利用空间错视的原理，使两个或两个以上的剪影在画面中合并成为一个新的形象，可以为画面增加新的艺术魅力。

⬆ 逆光拍摄太阳，并对着天空较亮处进行测光，人和海面呈现浓郁的剪影效果，用手作出心形将太阳置于其中，使画面充满创意效果，给人一种温馨浪漫的感受【焦距：30mm 光圈：f/2.8 快门速度：1/300s 感光度：100】

高逆光与低逆光

按光源的高低位置区分，逆光还可以分为高逆光和低逆光。

高逆光的光源位置比较高，这种光线适合于表现前后层次较多的景物，但在拍摄时要选择较高的位置，以俯视的角度拍摄。在背景比较暗的情况下，高逆光会在每一景物的背面勾勒出一条条精美的轮廓光，使前后景物之间产生较强烈的空间距离和良好的透视效果。

低逆光的光源位置较低，拍摄时最好在主体景物背后安排明亮的雪地或水面，由于逆光下的景物在画面中会形成剪影效果，因此能够与明亮的背景形成强烈的反差，使画面简洁、动人。

↑ 利用高逆光俯视拍摄山景，层叠的山峰呈现不同的剪影效果，增强了画面的层次感【焦距：24mm 光圈：f/22 快门速度：1/800s 感光度：400】

◎ 顶光使画面反差强烈

顶光就是指光源从景物的顶部垂直照射下来的光线。顶光适用于表现景物的上下层次，如风光画面中的高塔、亭台、茂密树林等可被照射出明显的明暗层次。

在自然界中，亮度适宜的顶光可以为画面带来饱和的色彩、均匀的光影分布及丰富的画面细节。

➡ 利用高逆光拍摄人像，模特的头顶被照亮，头发的边缘出现漂亮的轮廓光【焦距：85mm 光圈：f/4 快门速度：1/125s 感光度：100】

12.3 光线与影调

影调是指拍摄对象表面不同亮度光影的阶调层次，画面由于有了影调便不仅仅是平面的，而是有了立体感、质感。光线是形成影调的决定性因素，强弱程度不同的光线会形成不同的画面影调。依据影调的类型几乎所有照片都可以被分为以下3类。

◐ 高调

高调照片的基本影调为白色和浅灰，其面积约占画面的80％甚至90％以上，给人以明朗、纯净、清秀之感。在风光摄影中适合于表现宁静的雾景、雪景、云景、水景，在人像摄影中常用于表现女性与儿童，以充分传达洁净的氛围，表达柔和的特征。

在拍摄高调的画面时，除了要选择浅色调的物体外，还要注意运用散射光、顺光，因此，多

云、阴天、雾天或雪天是比较好的拍摄天气。

如果在影棚内拍摄，应该用有柔光材料的照明灯，从而以较小的光比减少物体的阴影，形成高调画面。

为了避免高调画面产生苍白无力的感觉，要在画面中适当保留少量有力度的深色、黑色或艳色，例如，少量的阴影，或者是人像摄影中人物眉毛、眼睛以及头发的部位。

↑ 高调色阶在灰度图谱中的位置及分布

↑ 白色的背景和纯白的衣服使画面以白色为主色调，拍摄时又增加1挡曝光补偿，让画面呈现高调效果，给人一种清新淡雅的感觉【焦距：85mm 光圈：f/5.6 快门速度：1/100s 感光度：100】

↑ 高调在画面中的分布示意图

⚙ 中间调

　　中间调画面是指明暗反差正常、影调层次丰富、画面中包含由白到黑、由明到暗的各种层次影调的画面。不同于高调和低调画面，中间调有利于表现色彩、质感、立体感以及空间感，在日常摄影中的运用比例最大、最普遍，效果也最真实、自然。

　　中间调往往随着拍摄对象形象、光线、动势、色彩的构成不同而呈现出不同的情感。另外，拍摄正常影调的画面一定要曝光准确，以尽量包含较多的影调层次。

⬆ 在阳光充足的直射光下，层叠的沙丘呈现光滑的色彩，与没有光线照射的阴影部分形成明暗反差，增强了画面的立体感【焦距：35mm 光圈：f/4.5 快门速度：1/250s 感光度：100】

⬆ 反差较小的中间调色阶在灰度图谱中的位置及分布

⬆ 反差较小的中间调在画面中的分布示意图

⬆在阳光的照射下花卉色彩明丽、真实自然，给人一种清新愉悦的感觉【焦距：100mm 光圈：f/16 快门速度：1/320s 感光度：100】

⬆ 反差较大的中间调色阶在灰度图谱中的位置及分布

⬆ 反差较大的中间调在画面中的分布示意图

◐ 低调

　　低调照片的基本影调为黑色和深灰，其面积约达到画面的70％以上，整体画面给人以凝重、庄严、含蓄、神秘的感觉。风光摄影中的低调照片多拍摄于日出和日落时，人像摄影中的低调照片多用于表现老人和男性，以强调神秘或成熟的氛围。

　　在拍摄低调照片时，除了要求选择深暗色的拍摄对象，避免大面积的白色或浅色对象出现在画面中外，还要求用大光比光线，如逆光和侧逆光。在这样的光线照射下，可以将拍摄对象隐没在黑暗中，同时又勾勒出拍摄对象的优美轮廓，形成低调画面。

　　在拍摄低调照片时，要注重运用局部高光，如夜景中的点点灯光，以及人像摄影中的眼神光等，以其少量的白色或浅色、亮色，使画面在总体深暗色氛围下呈现生机，以免低调画面灰暗无神。

↑ 低调色阶在灰度图谱中的位置及分布

↑ 低调在画面中的分布示意图

↑ 摄影师利用黑色调拍摄渔船上生火点灯的老翁，跳动的火苗将其面部照的通亮，花白的胡子和满脸的皱纹给人一种沧桑的感觉【焦距：85mm 光圈：f/2 快门速度：1/200s 感光度：200】

12.4 光线与质感

❂ 光线方向与质感

光线的照射方向不仅影响了画面的立体感觉，还对物体的质感有根本性的影响。不同照射角度的光线，如顺光、侧光或是逆光，在表现拍摄对象的质感时会带来根本性的转变。

侧光是最容易强化拍摄对象质感的一种光线，使原本比较粗糙的物体显得更为起伏不平，同时使一些看上去可能比较平滑的物体也产生一定的粗糙感。因此，如果要强化物体的粗糙质感，可选择侧光的拍摄角度；反之，则需要以正面或逆光的光线使物体的粗糙感尽可能弱化。

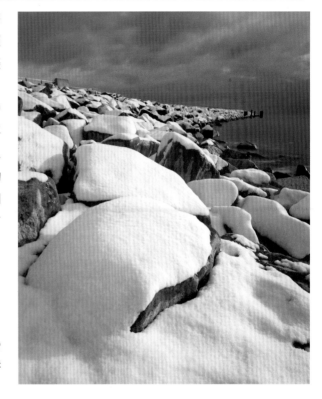

➡ 利用侧光光线拍摄雪景，并适当增加 1 挡曝光，让雪的颗粒感和质感得到增强【焦距：24mm 光圈：f/13 快门速度：1/320s 感光度：100】

❂ 光线性质与质感

光线的性质对质感的影响重大。强硬的直射光通过方向性明显的光照可以增强粗糙的质感，柔和的漫射光可以创造出比较平滑的质感。试着将同一个物体放置在这样两种不同质感的光照下，就可以比较明显地看到其中的区别。如果想强化一个拍摄对象的质感，最好选择侧面方向的直射光；而要弱化一个拍摄对象的质感，应该采用正面或逆光角度的散射光。灵活地运用两者，可以尽情展现质感的表现力。

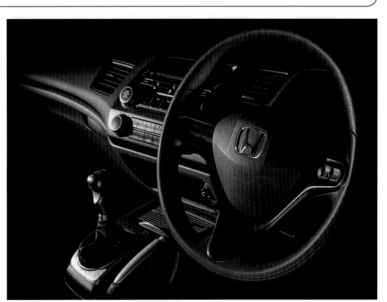

⬆ 拍摄车内小景时，摄影师利用闪光灯从侧面补光，重点突出方向盘的真皮质感
【焦距：50mm 光圈：f/6.3 快门速度：1/100s 感光度：400】

12.5 光影互动的艺术

摄影是光与影的艺术，是应用光线的学问。光造影，影成像，明亮的光线可以塑造具体的形象，而阴暗的影本身也可能成为独立的影像。在摄影中，如果能够艺术地运用光与影，就能使画面有更强的表现力。

"影"在画面中可能存在以下3种形态；

阴影，由于物体光照不充分，在背光面形成不同的阴暗区域；

剪影，即按拍摄对象外轮廓形成的剪纸形的阴影实体；

投影，即由于受到逆光光源照射，物体的形状被投射在另一个平面上形成的阴暗区域。

◎ 用阴影平衡画面

通过构图使画面中出现大小不等、位置不同的阴影，可以使画面的明亮区域与阴暗区域平衡，从而使画面在位置或重量等方面让人感受到均衡。

➡ 摄影师通过利用对称构图拍摄山体，一侧是受光面，另一侧是背光面，二者形成强烈的明暗对比，增强了画面的均衡感和层次感【焦距：32mm 光圈：f/6.3 快门速度：1/400s 感光度：100】

◎ 用阴影做减法

画面中杂乱的元素往往会分散观者的注意力，拍摄时可以控制画面中的光影和明暗，以达到去除多余视觉元素的目的。首先，要了解拍摄场景和光线会出现怎样的阴影，并考虑好画面构成元素中哪些多余元素可以藏在阴影里；然后，用点测光对准画面中明亮的部分测光，从而夸张画面中的阴影效果，起到突出主题，掩盖多余元素的作用。

⬆ 摄影师利用墙上的开口作为框架拍摄故宫小景，前景的阴影遮挡了画面多余的因素，突出主体的同时也让画面更显简洁【焦距：65mm 光圈：f/16 快门速度：1/200s 感光度：100】

◉ 用阴影增加形式感

有时候光和影会在画面上交错出现，尤其是当深暗的投影与明亮的主体在画面上有规律地交替出现时，阴影的加入则使画面显得更有形式感。

例如，一排整齐的栏杆投下的阴影，由于画面中明暗之间有规律的交替变化，从而给人以视觉上递进的愉悦。

➡ 摄影师通过借助侧光拍摄沙丘，沙丘以 S 形曲线隔开，一半阴影一半光亮,让画面更显均衡,使画面有一种形式美感【焦距：105mm 光圈：f/8 快门速度：1/500s 感光度：200】

◉ 用投影增加透视感

阴影还有增加画面透视感的作用，当阴影从画面的深处延伸至画面前景时，这种定向阴影由于会出现近大远小的透视规律，因此可以用来加强画面的空间感和透视感。

⬆ 黄昏，逆光拍摄即将落入大海的太阳，夕阳下的人影被拉得修长，使画面的空间感和透视感得到加强【焦距：24mm 光圈：f/11 快门速度：1/1000s 感光度：200】

◉ 用剪影增加艺术魅力

阴影只是实体所产生的虚影，其本身不存在任何细节，但剪影却是实体形成的抽象画面，因此蕴含着更为充分的表达效果，并由此使观者产生联想，画面显得更有意境与张力。

⬆ 蓝色的天空与落下地平线的太阳形成强烈的对比，对着天空较亮处进行测光，前景跃起的恋人由于曝光不足呈现浓重的剪影效果，增强了画面的艺术魅力【焦距：105mm 光圈：f/10 快门速度：1/500s 感光度：200】

12.6 善用戏剧化的光线

在黑暗的舞台上，打在演员或歌手身上的光线束往往能迅速吸引观者的视线，这种被灯光师安排好的光线是典型的戏剧化光线。

实际上，无论是在野外还是在现实生活中，都有很多类似的光线，如黑暗房间里从一扇窗户透射进来的光束，从天空云彩的间隙中透射出来的光束等。

遇到这种光线时不要错过，因为无论是什么拍摄题材，使用此类光线拍摄的照片都能够轻易吸引观者的目光。

⬆ 摄影师以一个较高的视角俯视拍摄山谷，恰巧山后的乌云中斜射下来几束光线，增加了画面的戏剧性和可遇不可求性【焦距：30mm 光圈：f/3.5 快门速度：1/100s 感光度：100】

12.7 利用白平衡改变照片色调

什么是白平衡

白平衡是由相机提供的，它是确保在拍摄时拍摄对象的色彩不受光源色彩影响的一种设置。简单来说，设置白平衡可以在不同的光照环境下，真实还原景物的颜色，纠正色彩的偏差。无论是在室外的阳光下，还是在室内的白炽灯下，人的固有观念仍会将白色的物体视为白色，将红色的物体视为红色。摄影师有这种感觉是因为人的眼睛能够修正光源变化造成的色偏。

实际上，光源改变时，这些光的颜色也会发生变化，相机会将这些变化精确地记录在照片中，这样的照片在纠正之前看上去是偏色的，但其实这才是物体在当前环境下的真实色彩。相机配备的白平衡功能可以纠正不同光源下的色偏，就像人眼的功能一样，使偏色的照片得以纠正。

Canon EOS 77D提供了预设白平衡及自定义白平衡两类白平衡功能，以满足不同的拍摄需求。

❶ 在**拍摄菜单**3中选择**白平衡**选项

❷ 选择不同的选项，然后点击 SET OK 图标确认

操作方法：按下**WB**按钮，使用◀、▶方向键在速控屏幕中选择需要的白平衡模式。

使用不同的白平衡模式拍摄出不同的色彩效果

　　除了自动白平衡外，Canon EOS 77D还提供了、日光、阴影、阴天、钨丝灯、荧光灯及闪光灯6种预设白平衡，它们分别针对了一些常见的典型环境，选择这些预设的白平衡可以快速获得需要的设置。

⬆ 拍风光时，一般只要将白平衡设置为**日光白平衡**模式，就能获得较好的色彩还原。因为无论光线怎么变化也是来自太阳光。阴天时的色温晴天模式的白平衡比较强调色彩，使颜色比较饱和

⬆ **闪光灯白平衡**主要用于平衡使用闪光灯时的色温，较为接近阴天时的色温

⬆ **荧光灯白平衡**模式会营造出偏蓝的冷色调。不同的是，白色荧光灯白平衡的色温比钨丝灯白平衡的色温更接近现有光源色温，所以色彩相对接近原色彩

⬆ **钨丝灯白平衡**模式适合拍摄与其相符的色温条件下的场景，而拍摄其他场景会使画面色调偏蓝，严重影响色彩的还原

⬆ 在相同的现有光源下，**阴影白平衡**可以营造出一种泛黄的暖色调感觉，这种色调应用在古建筑上可以制造出一种陈旧沧桑的感觉

⬆ 在相同的现有光源下，**阴天白平衡**可以营造出浓郁的红色暖色调，给人一种温暖的感觉

❂ 自定义白平衡

自定义白平衡模式是各种白平衡模式中最精准的一种，是指在现场光照条件下拍摄纯白的物体，相机会认为这张照片是标准的"白色"，从而以此为依据对现场色彩进行调整，最终实现精准的色彩还原。

在Canon EOS 77D中自定义白平衡的操作步骤如下。

❶ 在镜头上将对焦方式切换至MF（手动对焦）方式。

❷ 找到一个白色物体，然后半按快门对白色物体进行测光（此时无须顾虑是否对焦的问题），且要保证白色物体应充满虚线框的部分，然后按下快门拍摄一张照片。

❸ 在"拍摄菜单3"中选择"自定义白平衡"选项。

❹ 此时将要求选择一幅图像作为自定义的依据，选择前面拍摄的照片并确定即可。

❺ 要使用自定义的白平衡，可以"白平衡"菜单中选择"用户自定义"选项即可。

在室内使用恒亮光源拍摄人像或静物时，由于光源本身都会带有一定的色温倾向，因此为了保证拍出的照片能够准确地还原色彩，此时可以通过自定义白平衡的方法进行拍摄。

❶ 切换至手动对焦方式

❷ 对白色对象进行测光并拍摄

❸ 选择**自定义白平衡**选项

❹ 选择一幅图像作为自定义的依据，然后点击屏幕上的SET图标确认

❺ 若要使用自定义的白平衡，选择**用户自定义**选项即可

提示

在实际拍摄时灵活运用自定义白平衡功能，可以使拍摄效果比使用滤色镜获得的效果更自然，操作也更方便。但值得注意的是，当曝光不足或曝光过度时，使用自定义白平衡可能无法获得正确的白平衡。在实际拍摄时可以使用18%灰度卡（市面有售）取代白色物体，这样可以更精确地设置白平衡。

← 在室内拍摄人像时，可以利用自定义白平衡模式来获得色彩饱满的画质【焦距：85mm 光圈：f/5.6 快门速度：1/400s 感光度：100】

提示

实际上，很多室内光源都有其特定色温，比如一些恒亮的照明器材或灯泡，其产品规格上就会明确标出其发光的色温值，因此在拍摄时可以直接按照标注的色温进行设置。当然，由于一些灯光器材并不规范，因此标注的色温值与实际的色温值可能会有所不同，我们可以通过拍摄几张样片进行查看和校正。

12.8 与色彩有关的菜单设置

色彩空间

在数码相机中，色彩空间是指某种色彩模式所能表达的颜色数量所构成的范围区域，即数码相机感光元件所能表现的颜色总范围，绝大多数相机都提供了Adobe RGB与sRGB两种色彩空间。

如果照片用于书籍或杂志印刷，最好选择Adobe RGB色彩空间，因为它是Adobe专门为印刷开发的，因此允许的色彩范围更大，包含了很多在显示器上无法显示的颜色，如绿色区域中的一些颜色，这些颜色会使印刷品呈现更细腻的色彩过渡效果。

如果照片用于数码彩扩、屏幕投影展示、计算机显示屏展示等，最好选择sRGB色彩空间。

❶ 在**拍摄菜单3**中选择**色彩空间**选项

❷ 选择不同的**色彩空间**选项

⬇ 由于所拍摄的照片仅用于屏幕显示，因此设为 sRGB 色彩空间即可【焦距：100mm 光圈：f/7 快门速度：1/160s 感光度：100】

◈ 白平衡偏移/包围

在该菜单中可以对所设置的白平衡进行微调矫正，以获得与色温转换滤镜同等的效果，其中B代表蓝色，A代表琥珀色，M代表洋红色，G代表绿色。每种色彩都有1~9级矫正。

- 白平衡偏移：点击屏幕上的▲、▼、◀、▶图标将"■"标记移至所需位置，即可让拍摄得到的照片偏此色彩。
- 白平衡包围：可以只进行一次拍摄，同时记录3张不同颜色的图像。点击▶或◀图标，屏幕上的"■"标记将变成"■■■"。向右选择可设置蓝色/琥珀色包围曝光，向左选择可设置洋红色/绿色包围曝光。

❶ 在**拍摄菜单**3中点击选择**白平衡偏移/包围**选项

❷ 点击屏幕上的▲、▼、◀、▶图标选择不同的白平衡偏移方向

❸ 点击▶或◀图标则可以设置白平衡包围曝光

> **提示**
>
> 有些镜头在成像时有色彩倾向，此时利用"白平衡偏移"功能向其反向稍微调整一些，就能够更准确地反映出拍摄对象的颜色。

⬆ 增加6格G（绿色）偏移

⬆ 增加6格B（蓝色）偏移

⬆ 增加6格A（琥珀色）偏移

⬅ 正常时的状态

使用预设照片风格

　　根据不同的拍摄题材可以选择相应的照片风格，从而实现更佳的画面效果。Canon EOS 77D提供了自动、标准、人像、风光、精致细节、中性、可靠设置、单色等预设照片风格。

- 自动：使用此风格拍摄时，色调将自动调节为适合拍摄场景，尤其是拍摄蓝天、绿色植物以及自然界的日出和日落场景时，色彩会显得更加生动。
- 标准：此风格是最常用的照片风格，使用该风格拍摄的照片画面清晰、色彩鲜艳、明快。
- 人像：使用该风格拍摄人像时，人的皮肤会显得更加柔和、细腻。
- 风光：此风格适合拍摄风光，对画面中的蓝色和绿色有非常好的展现。
- 精致细节：此风格会将被摄体的详细轮廓和细腻纹理表现出来，颜色会略微鲜明。
- 中性：此风格适合偏爱计算机图像处理的用户，使用该风格拍摄的照片色彩较为柔和、自然。
- 可靠设置：此风格也适合偏爱计算机图像处理的用户，当在5200K色温下拍摄时，相机会根据主体的颜色调节色彩饱和度。
- 单色：使用该风格可拍摄黑白或单色的照片。

❶ 在**拍摄菜单**3中选择**照片风格**选项

❷ 选择需要的照片风格，然后点击 `SET OK` 图标确定

标准风格　人像风格　风光风格　精致细节风格

中性风格　可靠设置风格　单色风格

Chapter 美女、儿童摄影技巧

13

13.1 拍摄直射光下的人像

◔ 选择合适的位置躲避强光

直射光下的光线十分强烈，照射到的景物会产生强烈的反差，拍摄人像时会产生浓重的阴影。因此，可以寻找凉亭、树荫等有阴影的地方来避免这样的强光。

当然，在拍摄时还要避免树荫下斑驳的光线。当强烈的阳光被树荫打散照射在拍摄对象上时，会产生不均匀的一块亮、一块暗的效果，此时可以通过改变主体的位置，引导模特转头或打遮光伞等方式来避开这些斑驳的光线。

➲ 在树荫处拍摄人像，有效地避免了强烈的直射光，借助反光板对模特面部进行补光，可使其皮肤看起来更加白皙细腻【焦距：135mm 光圈：f/3.2 快门速度：1/400s 感光度：200】

◔ 控制高光

在视觉习惯上，人们总是会被画面中明亮的部分吸引，不过，如果拍摄环境中出现过于明亮的光源会破坏画面整体美感，因此，高光的控制和表现非常重要。

在户外拍摄人像时，应该尽量避开直射的光源，比较可行的方法是利用模特的头或身体去遮挡，还可以将光圈开到最大或用较长的焦距，并尽可能地靠近模特拍摄，这样能在一定程度上模糊高光区域。

➲ 利用大光圈拍摄人像，尽可能地虚化背景，突出主体的同时又有效地控制了高光【焦距：85mm 光圈：f/2.8 快门速度：1/640s 感光度：200】

使用反光板为逆光或侧逆光人像补光与制造遮阴处

午后的阳光非常强烈，如果直接照射到模特身上，很容易形成"死白"的现象，有条件的话可以制造一个"光线三明治"，即在模特的头顶上打一块黑色反光板，再用白色、金银混合色反光板从模特下方或侧面反射补光。

由于头顶的反光板不完全透明，强烈的直射光穿过反光板后会变成柔和的散射光，从而使拍摄的画面具有柔和的质感，而侧面的反光板则可以创造出均匀、明亮的光线，避免模特背光面看起来太暗，产生与背景严重不协调的问题。

光线
由于直射光线过于强烈，转移到木屋里拍摄效果会好很多，选择在窗户边光线较强的位置进行拍摄

对焦
为了使背景形成好看的光斑，因此增加了光圈，得到的画面中，反射着光线的绿叶形成了梦幻的光斑

构图
在窗边拍摄时，为了避免光线直接照射在模特脸上，可让其背过身来，变换角度进行观察，选择明暗反差不会太大的背景

镜头
考虑到拍摄距离等因素，推荐大光圈的镜头，因此，拍摄时，使用了50mm的标准镜头，f/2.8的光圈拍摄

亮度
使用反光板在模特面前进行补光的作用是提亮其面部，使其皮肤有种透亮感。因为模特处于背光的角度，眼神会略显暗淡，如果使用白色反光板从正面补光可改善这种状况

色调
在室内拍摄使用反光板补光时，可将白平衡调至"AUTO"模式，如果想肤色更柔美，可在优化校准里设置"人像"模式

🔼 在窗前拍摄背对光线的模特时，需要利用反光板对其面部进行补光，使其皮肤看上去更加柔美自然【焦距：50mm 光圈：f/2.8 快门速度：1/160s 感光度：200】

通过构图过滤掉灰白色的天空

在直射光下或阴天拍摄时，当按地面物体进行测光及曝光后，很容易使天空曝光过度而呈现灰白色，此时的天空基本没有细节与层次。

因此在拍摄人像时，应注意尽量避开明亮的天空，以免画面中的天空出现一片灰白色，影响画面的质量。

比较好的方法是通过构图，使天空不再出现在画面中，例如，可以采取俯视的角度拍摄或者让模特移动至高大的花丛、灌木和树林前再进行拍摄。

⬆ 采用较低角度拍摄时，照片中白色天空部分过大，影响了照片的整体美感

⬆ 采用稍高一点的角度拍摄，天空占有比例减少，利用大光圈虚化背景，得到主体突出、色彩清丽的照片【焦距：50mm 光圈：f/2.8 快门速度：1/800s 感光度：400】

寻找逆光树叶

　　在逆光或侧逆光条件下拍摄时，如果能够找到一片小树林作为背景，可以通过大光圈虚化背景的方法，使背景明亮的树叶虚化成闪烁小光点，为照片增加浪漫的气氛。

　　除了小树叶外，还可以寻找低矮的灌木丛或雨后沾满水珠的草丛作为背景，只要拍摄时所选角度合适，都能够获得不错的光斑背景效果。

　　➲ 摄影师以一个较低的角度拍摄模特，并把逆光的叶子作为背景，使画面充满梦境的色彩【焦距：85mm 光圈：f/3.2 快门速度：1/500s 感光度：100】

让拍摄对象背对太阳

　　在直射光线环境下拍摄时，如果没有遮阴处，还可以选择让模特背对太阳拍摄。逆光角度拍摄时，可以形成好看的轮廓光来分离模特与背景。

　　只是因为光线过于强烈，头发上的高光会显得太明亮，而模特的面部也会没有立体感，为了避免这样的状况，应使用反光板或闪光灯来提亮面部，减轻头发过亮的现象，还可改善面部平板的现象。

　　➲ 为避免直射光对人物面部细节的削弱，拍摄时可以让模特背对太阳进行拍摄，使头发边缘出现金色的轮廓光，使画面看上去非常唯美【焦距：200mm 光圈：f/2.8 快门速度：1/320s 感光度：200】

13.2 拍出漂亮的眼神光

拍摄人像时，摄影师大多专注于模特的表情、姿态、服饰与环境，力求将这几方面处理得完美无瑕。不过，即使以上几方面都很到位，如果忽略了眼神光，仍会使照片画面显得沉闷。

特别是对眼睛比较大的模特而言，如果没有拍摄到眼神光，会使其眼睛显得呆板无神。漂亮、恰当的眼神光是画面的点睛之笔。

获得眼神光的方法有很多，如在户外拍摄时，可以通过让人物眼睛观看较明亮的区域来获得。而在室内拍摄时，通过在适当位置添加光源点，也可以获得漂亮的眼神光。光源的尺寸越大，或光源与模特的距离越近，眼神光就会越明显，但要考虑眼神光的大小与脸部面积的匹配。如果在一个较昏暗的空间，让模特向窗外亮处看，就能够轻松获得最真实、自然的眼神光。

在使用闪光灯充当光源点时，其位置要离模特远一些，不能影响拍摄场景已经设置好的光线环境。相对于闪光灯而言，使用地灯更容易获得理想的眼神光。

○ 摄影师很好地控制了模特的眼神光，模特熠熠闪亮的眼神成为画面的焦点【焦距：200mm 光圈：f/3.5 快门速度：1/200s 感光度：100】

13.3 人像摄影常见主题

人们常说，一幅好的人像摄影作品要简洁、突出主体，并将其视为人像摄影的理论指导与先决条件。但从整个人像摄影的流程上来看，拍摄主题才是最核心的内容，必须在拍摄前确定下来，它直接影响着拍摄环境、道具、模特、衣服搭配、表现手法以及器材的选择等诸多工作。

那么，主题究竟是什么呢？简单来说，主题即指画面要表现的核心思想，借由对某种事物或现象的感悟而由此产生的想法、观点、情感等，并结合对艺术的理解，经过摄影的创作，最终通过摄影画面的形式把它表现出来。

人像摄影的主题是多种多样的，例如表现精明、干练的"白骨精"主题，表现甜美、可爱的"邻家女孩"主题，表现活力十足的"音乐风暴"主题等，甚至一个局部裸露的性感服装，大大的毛绒玩具等，都可以成为摄影师表现的主题。

◉ 邻家女孩

邻家女孩主题最重要的一点就是要着重突出亲切感，让人感觉友好、自然，甚至叫以联想到自己身边的人。

在拍摄时，较适合选择一些日常化的场景，在着装、光线、色彩等方面不必过于考究，而是应该将注意力集中在调动模特的情绪，让其流露出自然、亲切的表情，增加画面的亲和力与感染力。

● 清纯的服装加上模特娇羞的动作，给人一种邻家女孩的感觉，使画面充满青春、自然的气息【焦距：50mm 光圈：f/2.8 快门速度：1/160s 感光度：100】

◉ 花中精灵

对于女性人像而言，花永远是最能衬托女性柔美、善良、纯洁等气质的元素之一。例如，甜美的女孩徜徉在花海之中，像是花丛中的小精灵，给人灵动、感性的视觉感受。

● 以花衬托人物，同时又不会抢占主体的地位，模特天真、可爱的气质得到很好的表现【焦距：100mm 光圈：f/2.8 快门速度：1/800s 感光度：200】

◉ 居家小资

　　以居家为主题的摄影中，根据室内装修风格的不同，表现出来的感受也不同，模特在着装、自身气质以及表情、造型等方面，都要与之相匹配。

　　例如，在欧式风格的室内，就适宜表现其华丽、典雅的感觉；而在比较小资的温馨型室内时，则可以着重突出小资们有活力、享受生活、快乐生活等特点。

↑ 模特身着礼服静静地坐在房间里看书，画面充满了居家小资情调【焦距：35mm 光圈：f/2.8 快门速度：1/50s 感光度：400】

◉ 水边靓影

　　炎炎夏日，选择拍摄水边的泳装模特绝对是一个不错的题材。拍摄时，除了要注意引导模特情绪，通过水边嬉戏的动作表现出或性感或天真的气质，还需要特别注意以下几项。

　　要注意避免模特的面部光影被水面的反光干扰，变成"花脸"，因此拍摄时要注意调整机位。

　　在必要的情况下应使用金色反光板进行补光，以平衡环境光对模特身体，尤其是面部色彩的影响。

　　摄影师要注意器材安全，尤其是近距离拍摄模特撩起水花时。如果是一对一拍摄，摄影师一定要注意防止脚下踏空跌入水中。

➡ 以游泳池为背景拍摄模特戏水的瞬间，凝固在空中的水花让画面充满动感【焦距：150mm 光圈：f/3.2 快门速度：1/800s 感光度：100】

性感泳装

泳装主题是最能表现女性妖娆、妩媚特质的拍摄题材之一，性感的身材、舒展的造型、柔美的神态，无一不将女性的柔美展现得淋漓尽致。游泳池边、海边等也是拍摄泳装主题的常见地点。

➡ 模特站在水中，脸上精致的妆容，款式大胆的泳衣，面部微微上仰，不用过多的表现，便能展现出性感的一面【焦距：85mm 光圈：f/2 快门速度：1/400s 感光度：100】

"白骨精"

"白骨精"是职场上白领、业务骨干、行业精英的另一种称谓，特指女性。配合环境、场景元素的衬托可以表现出她们一种独立、张扬的特殊气质。在拍摄时，适当应用文件夹、笔、眼镜等道具，可以起到很好的烘托效果。

⬆ 以简单的场景，配合白色衬衫、眼镜以及文件夹等元素，很好地衬托出职场女性的独立、自信的气质【焦距：135mm 光圈：f/4 快门速度：1/200s 感光度：100】

13.4 拍摄天使宝贝

◎ 既快又多是基本原则

对于儿童来说，适合拍摄的状态有可能稍纵即逝，摄影师必须提高单位时间内的拍摄效率，才可能从大量照片中选择优秀的照片。

因此，拍摄儿童最重要的原则是拍摄动作快、数量多、构图变化多样。

⬆ 游戏和玩具可以使宝宝更加开心，使拍摄过程变得更加轻松、自然，在这种状态下可以很轻松地抓拍到精彩的瞬间画面
【焦距：45mm 光圈：f/11 快门速度：1/125s 感光度：100】

◎ 以齐眉高度平视拍摄

不少摄影初学者在拍摄儿童时，总是站着以俯视的角度拍摄，但以这种角度拍摄的照片中儿童显得很矮，并且容易产生变形，儿童的头部会显得很大，腿脚部分则看起来很短。

正确的方法是拍摄时让相机与孩子处于齐眉高度，因此，拍摄时摄影师要蹲下或趴下，这样相机的高度就基本上可以和儿童保持齐眉的高度了。

当然，也可以尝试用仰视的角度拍摄，这样能够使身体较矮的儿童在照片中看起来更加高大，这样的照片看起来更新颖、有趣。

➡ 平视拍摄时，不会使孩子有压迫感，可拍摄到孩子自然、真实的表情【焦距：105mm 光圈：f/4 快门速度：1/320s 感光度：200】

◎ 用合适的对焦模式确保画面的清晰度

在拍摄儿童时，由于其大多数处于玩耍的状态中，行动变化难测，尤其是当拍摄活泼好动的儿童时，准确对焦更是一件比较困难的事。

此时可以将相机设置为人工智能伺服自动对焦模式。这种对焦模式的优点是，当拍摄对象的位置发生变化时，相机能够自动调整焦点，保持始终对焦在拍摄对象上，从而得到清晰的照片。

因此，在实际拍摄时，通过半按快门进行对焦操作后，即使孩子突然移动位置，相机也可以自动地跟踪对焦，从而抓拍到玩耍中的孩子。

⬆ 儿童的精力是有限的，因此摄影师要遵循"既快又多"的原则，在有限的时间内尽可能拍出多样的照片【焦距：180mm 光圈：f/4 快门速度：1/320s 感光度：100】

◎ 表现孩子细腻、白皙的皮肤

拍摄儿童时，除了表现其动作、表情外，还要注意在画面中表现孩子细腻、白皙的皮肤。

相对于其他光线而言，柔和的顺光由于不会产生厚重阴影，因此适合表现儿童的皮肤。

在拍摄时，可以在正常的测光数值的基础上，适当增加0.3挡~1挡的曝光补偿。这样拍摄出的画面显得更亮、更通透，儿童的皮肤也会更加粉嫩、细腻、白皙。

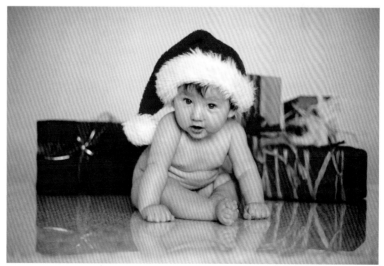

⬆ 通过增加1挡曝光补偿，可以让儿童的皮肤更显白皙细腻【焦距：35mm 光圈：f/4.5 快门速度：1/320s 感光度：100】

◎ 抓拍有趣的瞬间

儿童是天生的表演者，他们的表情千变万化，只要使用快速抓拍的方式才能记录下他们的喜怒哀乐。除了灿烂的笑容外，还应该拍摄哭泣的、生气的、发呆的、沉默的、搞怪的表情等。他们每一个不寻常的表情，都有可能成为妙趣横生的照片。

儿童活泼好动，动作难以预测，因此拍摄者应该注意抓拍有趣生动的瞬间。为了提高抓拍的成功率，要注意提高快门速度并使用连拍模式。

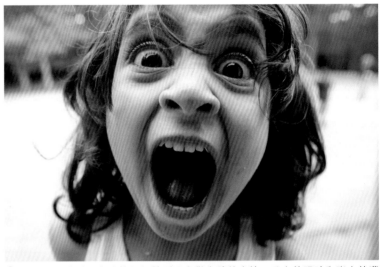

↑ 摄影师通过利用高速快门抓拍到儿童做鬼脸的表情，瞪大的眼睛和张大的嘴巴，让人忍俊不禁【焦距：18mm 光圈：f/3.5 快门速度：1/640s 感光度：100】

◎ 善用道具与玩具

专业的儿童摄影师通常都在摄影中使用道具，不但可以增加画面的情节，还可以营造出一种更加生动、活泼的气氛。道具可以是一束鲜花、篮子、吉他、帽子等，但要根据儿童的不同年龄、不同性别来选择。

儿童摄影另一类常用的道具是玩具。当儿童看见自己感兴趣的玩具时，自然会流露出好玩的天性，在这种状态下，拍摄的效果要比任何摆拍的效果都自然、生动。

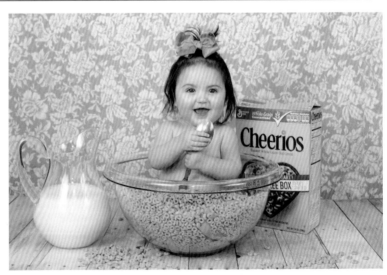

↑ 玩具不仅可以吸引儿童的注意，还可以用来丰富画面元素，美化画面，并将儿童的纯真衬托得更加自然【焦距：35mm 光圈：f/3.2 快门速度：1/200s 感光度：200】

Chapter 风光摄影技巧

14

14.1 风光摄影理念与菜单设置

◉ 利用人使风光画面更壮丽生动

很多摄友发现自己拍的山峰、海洋等壮观景色并没有现场看到的风景那么壮丽、雄伟、生动，最大的原因可能是画面中缺失了能够体现这些风景真实尺寸的对比元素。

因此，拍摄时通常应该将游客或当地居民纳入画面，通过对画面中风景与人物大小的强烈对比，使观者感受到湖水的壮阔、山峰的雄伟、风景的壮丽，并使画面由于人的加入而更显生动。

↑ 摄影师拍摄连绵的山体时，将半山腰上的人一并纳入画面，利用大小对比，增加了山的体量，让画面看上去更加恢宏壮丽【焦距：18mm 光圈：f/8 快门速度：1/500s 感光度：100】

◉ 让具象的风景抽象起来

许多风光摄影师偏爱使用广角镜头拍摄风景，以展现草原、荒野、雪山、湖海的壮阔气势，但如果希望得到更有特色的画面，有时要反其道而行之，使用长焦镜头来拍摄。

长焦镜头可以使画面中不再出现多余、杂乱的风景元素，往往能够获得难得一见的视角。例如，将风景的局部元素抽象成几何图形和大面积的色块。拍摄时要注意通过构图使整个画面有一种几何结构感。若想在这方面有所学习，可以多观赏抽象绘画大师的画作，从中学习其精湛的构图形式。

↑ 利用长焦镜头截取树木倒影的局部进行拍摄，可得到油画般效果的抽象画面【焦距：200mm 光圈：f/8 快门速度：1/125s 感光度：100】

于平凡处发现美

许多摄影师认为只有跋山涉水才可以找到好的景致，但无数优秀的照片证明，好的景致不一定全在远方，在自己工作的单位或家附近也有值得拍摄的题材，不妨重新审视停车场的周边，楼下的公园，稍远一点的田间地头。

只要善于观察细节，就会发现乌云、闪电、雨水、枯枝、落叶、雪花、冰凌、小花等均能够在这些熟悉的场景中构成既生动有趣而又耐人寻味的影像画面。因此不仅在雨后、雪后、雾中、电闪雷鸣的夜晚，甚至在最平常的日子里，都可能因为新的观察角度而拍摄出富有新意的作品。

⬆ 摄影师利用大光圈拍摄树上挂满水珠的蜘蛛网，将如此平常的场景拍出非同寻常的效果，给人一种晶莹、清透的感觉【焦距：100mm 光圈：f/4.5 快门速度：1/400s 感光度：320】

拍摄一个有时间跨度的专题

在人文摄影领域中，焦波用20年的时间拍摄了《俺爹俺娘》这样一个专题，给摄影界带来了很大震动，并开阔了摄影师对于专题摄影的想象空间。

实际上在风光摄影领域中，也可以用一年为周期以不同的拍摄方式、不同的镜头、摄影技巧和拍摄角度，拍摄一个专题。在不同的光线条件、季节和天气状况下拍摄，以便与其他拍摄同一对象的照片相异。

这样的拍摄对象大到一个城市、一个农场，小到一条河流、一棵树。到年末的时候，就会有一个完全由个人创作的专题问世，不仅记录了自己的摄影历程，也记录了时间的变迁。

⬆ 摄影师把一年作为一个时间跨度，拍摄不同季节的同一处公园小景，使画面看上去很有时间感和延伸感

设置"清洁感应器"功能获得纯净画质

在拍摄风光时，经常要拍摄有大面积天空、水面、雪地的题材。此时，如果图像传感器上有污点，极易出现在画面中，因此要养成定期清洁图像传感器的习惯。

利用"清洁感应器"菜单即可以清洁感应器，其包含"自动清洁""立即清洁"和"手动清洁"三个选项。

- 自动清洁：选择"开启"选项，则开关机时都将自动清洁感应器。
- 立即清洁：选择此选项，相机将即时清洁除尘。
- 手动清洁：选择此选项，反光板将升起，可以进行手动清洁。

提示

拍摄时使用的光圈越小，照片中的污点就越明显。

↑ 经常拍摄有大面积留白的风景照片时，要及时清洁图像传感器，以获得完美画质【焦距：38mm 光圈：f/7.1 快门速度：1/320s 感光度：160】

设置"自动关闭电源"选项以在低温下保持电量

在寒冷的环境拍摄时，电池的电量下降速度很快，因此需要注意电量水平。此时为了节省电池的电力，可以在"自动关闭电源"菜单中选择自动关闭电源的时间。如果在指定时间内不操作相机，相机将会自动关闭电源，从而节约电池的电力。

在实际拍摄中，可以将"自动关闭电源"选项设置为2分钟或4分钟，这样既可以保证抓拍的即时性，又可以最大限度地节省电量。

- 1分/2分/4分/8分/15分/30分：选择此选项，相机将会在选择的时间关闭电源。
- 禁用：选择此选项，即使在30分钟内不操作相机，相机也不会自动关闭电源。在液晶监视器被自动关闭后，按下任意键可唤醒相机。

↑ 巧妇难为无米之炊，电量不足是令每一个摄影师都头疼的事。通过设置"自动关闭电源"模式，可以有效节约电量，保持相机的持续战斗力【焦距：18mm 光圈：f/4 快门速度：1/160s 感光度：200】

14.2 山景的拍摄技巧

◈ 利用前景突出山景的秀美

在拍摄各类山川风光时，如果能在画面中安排前景，配以其他景物（如动物、树木等）作陪衬，不但可以使画面有立体感和层次感，而且可以营造出不同的画面气氛，大大增强了山川风光作品的表现力。

例如，有野生动物的陪衬，山峰会显得更加幽静、安逸，也更具活力，同时还增加了画面的趣味性。如果利用水面或花丛作为前景进行拍摄，则可增加山脉秀美的感觉。

↑ 拍摄山体时，将河边的树木、青草、野花、牛群一并纳入画面，避免了画面的单调刻板，让其更有层次性，还为画面增添了几分生气【焦距：30mm 光圈：f/16 快门速度：1/200s 感光度：100】

◈ 用逆光或侧逆光拍出山峦的线条美感

如果要表现山峦的轮廓线条，最好使用逆光或侧逆光拍摄，拍摄时以天空为曝光依据，即可将山峦拍摄成剪影的形式。

取景时既可选择比较有形体特点的山峦局部进行拍摄，也可以使用广角镜头拍摄连绵不绝的山峦，表现出山峦层峦叠嶂的感觉。

如果拍摄时间选在早上，则山间的雾气会使画面像一幅浓淡相宜的中国画。

↑ 逆光拍摄山体，通过对天空较亮处进行测光，山体由于曝光不足呈现完美的线条轮廓，给人一种意境美【焦距：105mm 光圈：f/9 快门速度：1/250s 感光度：100】

🔘 拍摄日照金山与银山的效果

拍摄出的日照金山与日照银山的效果实际上都是以雪山为拍摄对象，区别在于拍摄的时间段不同。

如果要拍摄出日照金山的效果，应该在日出时分进行。此时，金色的阳光将雪山顶渲染成金黄色，但阳光没有照射到的地方还是很暗，如果按照相机内置的测光参数进行拍摄，画面的阴影部分面积较大，相机会将画面拍得比较亮，造成曝光过度，使山头的金色变淡。要拍出金色的效果，就应该按照白加黑减的原理，减少曝光量，即向负的方向做0.5级~1级的曝光补偿。

如果要拍摄出日照银山的效果，应该在上午或下午进行拍摄。此时阳光的光线强烈，雪山在阳光的映射下非常耀眼，在画面中呈现出银白色的反光。拍摄时，不能使用相机的自动测光功能拍摄，否则拍摄出的雪山将是灰色的。要想还原雪山的银白色，要向正的方向做1级~2级曝光补偿量，这样拍出的照片才能还原银色雪山的本色。

⬆ 傍晚，柔和的光线将雪山染成暖黄色，画面看上去金灿灿的一片，给人一种日照金山的感觉【焦距：35mm 光圈：f/8 快门速度：1/200s 感光度：400】

🔘 用V形强调山谷的险峻

拍摄山谷时不一定选择全景，那样画面虽然很宏伟，但是不能突出山谷险峻的特点。可以只截取一部分进行拍摄。此时应该用V形构图，以突出山谷跌宕起伏的特点以及险峻的山势。

🔘 用斜线强调山体的上升感

在构图中斜线能够给人一种动感，将斜线构图运用在拍摄山峦中，则能够通过画面为山峦塑造一种缓慢上升的动势。斜线的角度越大，山体感觉上升越急促、陡峭；反之则越舒缓。

🔘 用框形强调视觉焦点

框式构图能够强制观者的视线聚焦于主体。拍摄山体时，如果能够恰当地利用树枝、石洞，甚至云雾，使画面具有框式构图的特点，则可让山体成为视觉焦点，并美化画面。

14.3 水景的拍摄技巧

利用高速快门凝固浪花

要想拍摄出"惊涛拍岸，卷起千堆雪"的效果，需要特别注意快门的速度。

很高的快门速度能够在画面中凝固浪花飞溅的瞬间，此时如果在逆光或侧逆光下拍摄，浪花的水珠就能够折射出漂亮的光线，使浪花看上去真实剔透。

如果快门速度稍慢，也能够捕捉到浪花拍击在礁石四散开去的场景，此时由于快门速度稍慢，飞溅开去的水珠会在画面中形成一条条白线，使画面极富动感，得到不错的画面。拍摄时最好使用快门优先曝光模式，以便设置快门速度。

⬆ 摄影师利用高速快门捕捉到海浪撞击礁石、水花四溅的瞬间，画面看起来很有气势【焦距：22mm 光圈：f/13 快门速度：1/1250s 感光度：200】

利用偏振镜拍出清澈透明的水面

在茂密的山林间常能够见到临近岸边的水面清澈见底的小湖或幽潭，此时不仅能够看到绿油油的水草在柔波里轻轻飘摇，还能看到水底浑圆的鹅卵石，微风吹过照射在水下的阳光，一束束的光在水下闪烁、游动，给人透彻心扉的清凉感觉。

如果要拍摄出这样漂亮的场景，要在镜头前方安装偏振镜，以过滤水面反射的光线将水面拍得很清澈透明，使水面下的石头、水草都清晰可见。

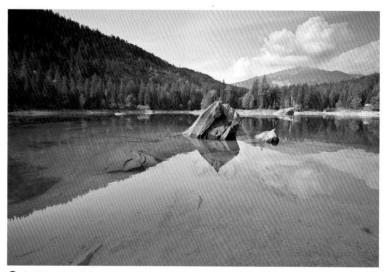

⬆ 摄影师通过在镜头前加装偏振镜过滤掉水面的反射光，让湖水看起来清澈见底【焦距：45mm 光圈：f/13 快门速度：1/200s 感光度：100】

逆光表现波光粼粼的水面

无论拍摄的是湖面还是海面，在逆光、微风的情况下，都能够拍摄到闪烁着粼粼波光的水面。

如果拍摄时间接近中午，光线较强，色温较高，粼粼波光的颜色偏向白色。如果拍摄时是清晨、黄昏，光线较弱，色温较低，则粼粼波光的颜色偏向金黄色。

为了拍摄出这样的美景，要注意如下两点。

其一，要使用小光圈，使粼粼波光在画面中呈现为小小的星芒。

其二，如果波光的面积较小，要做负向曝光补偿，因为此时场景的大面积为暗色调；如果波光的面积较大，是画面的主体，要做正向曝光补偿，以弥补反光过高对曝光数值的影响。

⬆ 傍晚，太阳的余晖洒在水面，微风拂过水面呈现波光粼粼的景象，非常漂亮，前景处两只呈剪影效果的鹅为画面增添了几分生气【焦距：200mm　光圈：f/16　快门速度：1/40s　感光度：100】

利用中长焦镜头展现溪流局部

大场景固然有大场景的气势，而小画面也有小画面的精致，因此拍摄自然风光时应该大小结合，从中寻找到不同的角度进行拍摄。

例如，拍摄溪流、瀑布时，使用广角镜头表现其宏观场景固然不错，但如果条件不便、光线不好，也不妨用中长焦镜头沿着溪流寻找一些小的景致，如浮萍飘摇的水面、遍布青苔的鹅卵石、落叶缤纷的岸边，也能够拍摄出别有一番风味的作品。

⬆ 摄影师通过长焦镜头配合低速快门，拍摄到呈丝状的溪流小景，使画面极具动感【焦距：80mm　光圈：f/13　快门速度：1.6s　感光度：100】

14.4 太阳的拍摄技巧

找到拍摄太阳的最佳时机

拍摄太阳的主要时间段是日出与日落，这两段拍摄时间都非常短暂，尤其是日出时，太阳会"突然"跃出地平线，且太阳在离开地平线后，天空中的色彩便会迅速消逝，摄影师必须要在日出前后的短暂时间内及时捕捉精彩瞬间。

与日出相比，拍摄日落则显得从容一些。在太阳下落的过程中，摄影师能够目睹其下落的全过程，因此对其位置、亮度能够有一定的预见性。在太阳未到达地平线以前，天空中的云彩便在光线的折射、反射下出现了精彩的变化，且太阳落在地平线之下以后的一段时间，天空仍然有精妙的颜色，因此有经验的摄影师并不会在太阳下山后马上离开。

日出时空气潮湿，景物轮廓的清晰度和色彩饱和度比较差，透视感强，景物像蒙上一层薄纱，光线比较柔和，拍摄时可以适当通过调整照片风格选项，调高照片的锐度与饱和度。

⬆ 傍晚，太阳快要沉入地平线时，光辉最强烈，将天空和水面都浸染成暖黄色调，增强了黄昏的氛围【焦距：100mm 光圈：f/9 快门速度：1/250s 感光度：100】

用白平衡渲染晚霞色彩

要在日落后拍出瑰丽的晚霞，一定要灵活使用白平衡。拍摄时可将白平衡设定为"阴影"预设白平衡模式，或者将色温直接设定到6000K以上，使画面的主色调为红色。

按此方法拍摄时，即使晚霞的色彩并不太鲜艳，也可使画面中的晚霞映红整个天空。

➡ 傍晚拍摄晚霞时，摄影师将白平衡设为阴影模式，得到红彤彤的天空，给人一种视觉上的震撼【焦距：24mm 光圈：f/10 快门速度：1/400s 感光度：200】

◎ 使用正确的曝光方法

拍摄日出与日落时，较难掌握的是曝光控制。日出与日落时，天空和地面的亮度反差较大，如果对准太阳测光，太阳的层次和色彩会有较好表现，但会导致云彩、天空和地面上的景物曝光不足，呈现出一片漆黑的景象；而对准地面景物测光，会导致太阳和周围的天空曝光过度，从而失去色彩和层次。

正确的曝光方法是使用点测光模式，对准太阳附近的天空进行测光，这样不会导致太阳曝光过度，更重要的是，能够更好地表现天空中的云彩。

为了保险起见，可以在标准曝光参数的基础上增加或减少1挡或半挡曝光补偿，再拍摄几张照片，以供更多选择。如果没有把握，不妨再高速连拍模式下使用包围曝光，以避免错过最佳拍摄时机。

↑ 使用点测光对太阳周边测光，得到太阳和水面均曝光合适的画面【焦距：55mm 光圈：f/9 快门速度：1/400s 感光度：250】

◎ 通过构图平衡日出、日落画面的亮调与暗调

拍摄日出、日落题材时，如果光线允许，一定要注重画面丰富的中间色调，高光部分有一定的层次，暗部不能显得那么阴暗凝重，画面整体层次要丰富。要做到这一点，除了要利用上面讲述的技巧来控制测光位置与曝光参数外，还要从构图方面考虑平衡画面的高光和阴影部分。这实际上是决定画面整体曝光是否准确的重要环节，以避免在画面中出现大面积过亮或过暗的区域。

构图时可少纳入天空与水面的面积，增加地面反光不高的景物，

如山景与地面上的花草，这样的构图不仅可以丰富画面元素，还可以起到平衡画面明暗的作用。

↑ 摄影师通过构图，不直接将太阳纳入画面中，避免造成曝光过度，但画面的景物在夕阳的照射下呈现出暖色调，使得画面的日落氛围很强烈【焦距：250mm 光圈：f/6.3 快门速度：1/1000s 感光度：100】

利用生动陪体为画面增强灵动感

在拍摄日出或日落场景时加入一些鸟儿的身影，可以使画面活泼、生动。

除了飞鸟以外，也可以根据当时的拍摄环境，加入行人、游船等陪体，这样均能起到相同的作用。在构图时，要注意安排太阳与陪体之间的位置，使两者之间能够均衡、呼应。

↑ 摄影师通过使用400mm以上的长焦镜头拍摄到较大体积的太阳，画面给人一种强烈的视觉冲击，而前景处骑马人为画面增添了几分生气【焦距：400mm 光圈：f/7.1 快门速度：1/2500s 感光度：500】

将太阳拍出光芒万丈的感觉

放射线的视觉张力很强，这样的画面看起来更有视觉冲击力。这种光线通常是在日出日落时太阳进入云层后，由云彩的间隙中透射出来的光线形成的。此时是拍摄万丈霞光的良好时机。

拍摄时应注意太阳位置的变化，当太阳进入云彩后面时，迅速运用点测光对准太阳附近的云彩亮部进行测光，这样才能保证得到光芒万丈的效果，天空中云层的细节也能最大限度地保留。

→ 缩小光圈后拍摄透过云层的放射光线，画面看上去十分梦幻、迷人【焦距：32mm 光圈：f/6.3 快门速度：1/200s 感光度：400】

14.5 云雾的拍摄技巧

◉ 拍摄雾气时使用曝光补偿的技巧

白天的云雾往往偏亮色，拍摄时必须加+1/3EV~+2/3EV的曝光补偿。具体增加多少曝光补偿量要根据云雾的面积、亮度反复尝试曝光补偿的级数而定。如果补偿过度，云雾就会失去空气感和质感；而如果曝光不足，雾气会显得灰暗。

早晨或黄昏时的雾具有日出前和日落后色温高的特征，如果以自动白平衡模式拍摄，云雾在照片中呈现为蓝调。此时不宜加大曝光补偿，否则画面会显得毫无情调，体现不出此时拍摄的特点。

另外，根据雾的浓淡不同，曝光补偿量也有所变化。雾浓时曝光补偿可以增大为+2/3EV~+1EV，薄雾时要根据背景和拍摄对象的亮度进行区分，可以考虑不进行曝光补偿，或将曝光补偿调整至+1/3EV。

⬆ 为了更好地突出云雾轻盈、梦幻的效果，增加了1挡曝光补偿，使云雾更加洁白【焦距：85mm 光圈：f/8 快门速度：1/800s 感光度：200】

◉ 用低速快门拍出流动的云彩

天空中的云彩实际上每一刻都在不停移动着，只是由于距离地面的人较远，且大多数情况下观察的时间较短，因此云彩移动的感觉不明显，但如果长时间在同一位置观察云彩，就能够清晰地感觉到云彩的流动感。

具有静止云彩的画面较为常见，而如果能够在画面中将云彩拍出动感，则能够为画面带来新意。要做到这一点，可以使用低速快门在保证不会曝光过度的前提下，使用长时间的曝光，即可使云彩在画面中形成运动模糊的效果。如果拍摄时的环境较亮，可以考虑使用中灰镜来阻光，以降低快门速度。

⬆ 摄影师通过设置低速快门对云彩进行长时间曝光，得到具有动感的流云，让画面充满视觉张力和力量美【焦距：24mm 光圈：f/11 快门速度：20s 感光度：100】

寻找合适的天气拍摄云海

云海几乎是各大名山共有的景观，如东岳泰山有"旭日东升""晚霞夕照""黄河金带"和"云海玉盘"四大奇观，其中最后一个就是指其气势磅礴的云海；黄山四绝——奇松、怪石、云海和温泉中云海的观赏性居首位；峨眉山三大奇景是云海、日出和"佛光"，其中第一项与第三项实际上都是指云海。

拍摄云海时一定要注意季节、天气的选择，云海经常出现在昼夜温差较大的秋天，特别是下雨后的第二天为晴天时，事先关注天气预报后来到拍摄地点，就能提高遇到云海的可能性。

另外，如果要拍摄到气势磅礴的云海，拍摄地点也很重要，在山下看起来阴云密布的情况下，如果攀登到顶峰，可能就会看到蓝天当空、红日当头，茫茫云海漫无边际地铺在脚下，层层云涛一浪高过一浪，因此只有到达一定的高度，才有可能拍摄到漂亮的云海。

⬆ 摄影师站在一个较高的视角，俯视拍摄翻涌的云海，白茫茫一片非常有意境，前景的迎客松与远处的山相互呼应，使画面更显均衡【焦距：50mm 光圈：f/20 快门速度：1/20s 感光度：100】

利用留白使画面更有意境

留白是拍摄雾景画面的常用构图方式。在拍摄时，主体应该是深色或有其他色彩的景物，并且被安排在画面中黄金分割点的位置上。

画面的空白区域则应该由雾气构成以形成构图上的留白，给观赏者以想象的空间。按此方法拍摄不但可以突出主体，还能使画面感觉起来唯美并具有艺术感。

⬆ 画面中由浅至深、由浓转淡的云雾将山体衬托得若隐若现，犹如仙境一般，同时增加 1 挡曝光补偿使云雾更为亮白，层次更为丰富【焦距：24mm 光圈：f/8 快门速度：1/200s 感光度：100】

14.6 花卉的拍摄技巧

◎ 逆光表现半透明花瓣的技巧

逆光拍摄花卉有助于清晰地勾勒出花朵的轮廓线。逆光中光线还可透过花瓣呈现出透明或半透明效果，更细腻地表现出花的质感、层次和花瓣的纹理。要注意的是，此时拍摄应加用闪光灯、反光板进行适当的补光处理。

拍摄时应对准画面的亮处进行测光，并根据拍摄环境的光线情况，适当地增加曝光补偿，以强化花朵的半透明效果。

⬆ 使用逆光光线拍摄花朵，对其亮处进行测光，花瓣呈现出半透明感，增强了花的质感和立体感【焦距：45mm 光圈：f/5 快门速度：1/1600s 感光度：100】

◎ 利用小昆虫为花朵增添生机的技巧

自然界中的小生灵经常会与美丽的花草、翠绿的树叶一起出现。在拍摄花卉时，用昆虫点缀画面，不仅可以使画面更加饱满、充满生机，而且还能突显大自然的和谐与神奇。

拍摄带有小生灵的照片时，要仔细寻找适合的小生灵。拍摄时还要注意控制好景深，较浅的景深对于突出画面的局部细节很关键。另外，在拍摄时必须对拍摄意图有清晰的认识——想要表达的主体是昆虫还是花朵。如果主体是花朵，昆虫就不要在画面中占太显眼的位置，昆虫的色彩也不能过于艳丽，否则会喧宾夺主，干扰主体的表现效果。

⬆ 使用镜头的长焦端拍摄花朵时，一只蜜蜂恰巧落在花蕊中，不仅突出了花朵与蜜蜂之间的和谐关系，也使画面更具生气【焦距：150mm 光圈：f/6.3 快门速度：1/500s 感光度：200】

❂ 利用水滴使花朵显得更娇艳

水滴对花卉具有非常好的装饰作用，通常在清晨或雨后才有机会见到这样的自然场景。当然，我们也可以随身带一个小型喷雾器，只需简单喷几下，就可以形成水滴的效果。

拍摄带水珠的花朵时，背景应该稍暗一点，这样拍出的水珠才显得更加晶莹剔透。拍摄之前要变换不同角度观察水珠的光影效果，找到带有反光、透明、澄澈的水珠角度，或者通过反光板人为地为水滴制造反光效果。由于拍摄的距离较近，因此建议使用微距镜头拍摄，在测光与对焦方面应该以花朵上的水滴为主。

↑ 摄影师通过在花朵上人为地喷洒水，并利用大光圈背景虚化，晶莹的水珠使鲜花看起来更加娇艳欲滴【焦距：100mm 光圈：f/4.5 快门速度：1/13s 感光度：400】

14.7 雪景的拍摄技巧

❂ 增加曝光补偿使积雪更洁白

在拍摄白色冰雪时，由于相机的内测光表是针对18%的中间灰作为标准测光的，在拍摄较亮物体时，较强的反射光会使测光数值降低1挡～2挡的曝光量，故在保证不会曝光过度的同时，可通过适度增加曝光补偿的方法如实地还原白雪的明亮度，这几乎是拍摄所有雪景都要首先遵守的曝光原则。

→ 拍摄山间雪景时，摄影师特意增加了1挡曝光补偿，使白雪的明度得到增强，与前景的山石形成强烈的明暗对比【焦距：18mm 光圈：f/13 快门速度：1/640s 感光度：100】

用侧光突出雪景的立体感

拍摄雪景时光线的选择有一定技巧，顺光及阴天下的漫反射光线不利于表现雪粗糙的质感，逆光不适宜表现雪的层次，因此拍摄雪景应该多采用侧光、侧逆光。最佳的拍摄时间是早晨和傍晚，在这两个时间段拍摄不仅能够体现雪的质感，还能够通过天空中多变的云霞为照片增色。

↑ 利用侧光拍摄雪景的局部，雪的颗粒感和质感得到很好的表现【焦距：120mm 光圈：f/8 快门速度：1/500s 感光度：400】

调整白平衡拍出特殊色调的雪

如果在拍摄雪景时希望画面在色彩方面呈现较为特殊的颜色，可以在拍摄时尝试多种不同的白平衡设置，也许会有奇妙色彩的画面效果出现。在具体操作方面，可以通过改变色温值的方法进行白平衡调整，或者是通过直接设定不同白平衡模式的方法进行调整。

尤其在拍摄被冰雪覆盖的世界时，通过调整白平衡，极易影响画面的色彩效果，例如借着天边朝霞的色彩，将白平衡模式设置为荧光灯白平衡模式，可获得整体色调偏冷的蓝色和局部泛着暖黄的色调效果，更能突显冬日里布满晨雪的冰冷寒意。

➡ 利用不同的白平衡，拍出的雪景效果也不一样，如右上图是利用"阴天"白平衡模式拍摄出的具有暖色调的雪景，右下图是利用"荧光灯"白平衡模式拍摄出的具有冷色调的雪景

14.8 树木的拍摄技巧

❂ 利用树林里的光影增强画面空间感

当阳光穿透林间时，树木会在地上留下复杂的光影。太阳越低，影子越长。

此时用广角镜头拍摄，镜头中可以纳入更多的地面上的投影，还能让树影产生变形效果，形成放射状，从而使画面的视觉效果集中，增强画面空间感。

➡ 清晨阳光透过树木，在地上投射出长长的斜影，使画面的透视感更加强烈【焦距：36mm 光圈：f/11 快门速度：1/4s 感光度：100】

❂ 在冬季拍摄雾凇

挂着皑皑白雪的雾凇是重要的冬季拍摄题材。拍摄雾凇时除了需要选择好拍摄角度和光线方向，还要确定景别。如果拍摄的是全景、远景或者地面上有积雪的场景，宜采用柔和、角度较低的逆光或侧光，以获得影调丰富、立体感与质感较强的画面。

如果以近景拍摄雾凇，且树挂比较薄能够透射光线，宜用逆光或侧逆光拍摄，这样能够在较暗的背景下得到晶莹剔透的雾凇效果，其质感也会格外鲜明与突出。如果雾凇厚实、透光差，为了表现出雾凇晶莹洁白的质感与细腻的结构，就应该用侧光拍摄。

拍摄雾凇时，背景的选择也很重要。最理想的背景是蓝天，银白色的雾凇衬托在蓝色的天空下，可以将景物统一在蓝、白为主的冷色调里，渲染并烘托出"冬"与"寒"的气氛和意境，也使画面色彩饱和明快。除了蓝天外，深暗的景物也可以作为拍摄雾凇的背景。

⬆ 摄影师利用微仰的视角拍摄雾凇，在蓝色背景的衬托下雾凇显得更加洁白，给人一种冰冷的美【焦距：28mm 光圈：f/13 快门速度：1/200s 感光度：100】

表现穿透树林的放射光

当阳光穿透树林时，由于被树叶及树枝遮挡，因此会形成一束束透射林间放射性光线，这种光线被称为"耶稣光"，能够为画面增加一种神圣感。要拍摄这样的题材，最好选择清晨或黄昏时分，此时太阳光斜射向树林中，能够获得最好的画面效果。

在实际拍摄时，可以迎向光线用逆光进行拍摄，也可以与光线平行用侧光进行拍摄。在曝光方面，可以以林间光线的亮度为准拍摄出暗调照片，衬托林间的光线；也可以在此基础上，增加1挡～2挡曝光补偿，使画面多一些细节。

↑ 阳光透过枝叶斜射下来形成放射状光线，给人一种的神秘感【焦距：24mm 光圈：f/4.5 快门速度：1/200s 感光度：100】

用逆光拍出透明的树叶

逆光拍摄树叶可以得到有半透明效果的树叶。在拍摄时应尽量选择长焦镜头并配合使用较大光圈虚化凌乱的背景，为了制造强烈的明暗反差，可以适当降低曝光补偿。

用广角镜头仰视拍树冠

要表现出林木枝繁叶茂、高耸壮大、遮天蔽日的感觉，着重展现其树枝向高空无限伸展的情景时，应该尽量以广角镜头逼近主体选择低角度仰摄，以夸张表现树冠。

用长焦镜头拍局部特写

许多树木都在生长过程中，在树干上形成了类型不同、形态各异的特征纹理，例如，白桦树的"眼睛"、槐树的树洞。针对这样有特点的树干，可以用长焦镜头进行特写式表现。

Chapter *动物的拍摄技巧*

15

15.1 拍摄昆虫的技巧

利用实时显示功能拍摄微距昆虫

对于微距摄影而言，清晰是评判照片是否成功的标准之一。由于微距照片的景深都很浅，所以在进行微距摄影时，对焦是影响照片成功与否的关键因素。

一个比较好的解决方法是，使用Canon EOS 77D的实时显示功能进行拍摄，在实时显示拍摄状态下，拍摄对象能够通过液晶监视器显示，按下放大按钮，即可将液晶监视器中的图像进行放大，以检查拍摄的照片是否准确合焦。

↑ 按下 按钮，即可开启实时显示拍摄模式

↑ 使用实时取景显示模式拍摄的状态

↑ 按下放大按钮后，照片中的主体被放大，此时可以查看主体局部细节

↑ 再次或多次按放大按钮，照片可以呈现出更多主体的细节，此时能更清楚地查看主体的对焦点是否清晰，细节是否够多等

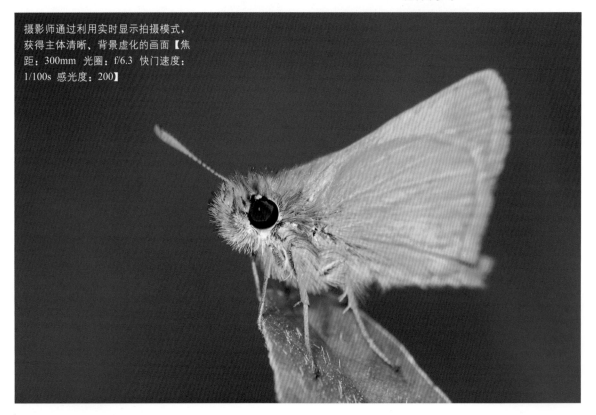

摄影师通过利用实时显示拍摄模式，获得主体清晰，背景虚化的画面【焦距：300mm 光圈：f/6.3 快门速度：1/100s 感光度：200】

把握接近昆虫的最佳时机

拍摄昆虫最重要的技术是接近昆虫，因为多数昆虫会在摄影师接近的过程中快速逃离。要想接近昆虫，除了动作必须轻缓外，还需要找到合适的时机。根据经验，处于下面状态的昆虫更容易接近。

- 刚刚羽化脱变出来的昆虫，由于身体比较脆弱，活动能力较差。
- 正在进食的昆虫。
- 正在交配的昆虫。
- 清晨时分的昆虫，由于此时气温较低，昆虫体温也较低，活动能力弱，因此相对容易接近。
- 下雨后身体上有水珠的昆虫，因为其身上的水珠会影响到活动的灵活性。
- 行动比较迟缓的昆虫，如毛毛虫、蜗牛等。

↑ 清晨，沾满露珠的昆虫对摄影师来说是一个不错的拍摄题材【焦距：100mm 光圈：f/2.8 快门速度：0.5s 感光度：200】

🔅 找到合适的拍摄方法

拍摄昆虫时常见的方法有以下3种，根据自身的条件选择最合适的拍摄方法，能够使拍摄事半功倍。

（1）手持＋自然光拍摄。这是最常见的拍摄方式，适用于偶尔拍摄昆虫的摄影爱好者。拍摄时对光线的要求比较高，由于没有补光设备，因此在逆光下拍摄时，容易造成主体过暗或背景曝光过度；在弱光环境下拍摄时，由于快门速度被迫降低，因此昆虫容易被拍虚。

（2）手持＋闪光灯。这是比较专业的拍摄方式，闪光灯可以是普通的外置式闪光灯，也可以是专业的环闪。这种拍摄方式的优点在于摄影师能够跟随昆虫快速移动，而且由于有闪光灯补光，因此能够以较高的快门速度捕捉具有动感的昆虫。

（3）脚架＋自然光或闪光灯拍摄。这是摄影师比较偏爱的方法，拍摄时还可以配合使用快门线，或反光板进行拍摄。这种拍摄方法可以很好地保持相机的稳定，但由于无法快速移动，因此这种方法仅适合于拍摄行动较迟缓的昆虫。

【焦距：100mm 光圈：f/8 快门速度：1/200s 感光度：200】

↑ 摄影师利用手持加自然光拍摄瓢虫，画面色彩鲜亮、自然

【焦距：180mm 光圈：f/13 快门速度：1/160s 感光度：100】

↑ 通过外置闪光灯对昆虫进行补光，使其看上去晶莹剔透，充满美感

【焦距：100mm 光圈：f/4 快门速度：1/200s 感光度：100】

↑ 拍摄尚没有运动趋势的昆虫时，可以把三脚架配合快门线使用，以获得高品质的画面

逆光或侧逆光表现昆虫

如果要获得明快、细腻的画面效果，可以使用顺光拍摄昆虫，但这样的画面略显平淡。

如果拍摄时使用逆光或侧逆光，则能够通过一圈明亮的轮廓光勾勒出昆虫的形体。

如果在拍摄蜜蜂、蜻蜓这类有薄薄羽翼的昆虫时，选择逆光或侧逆光的角度拍摄还可使其羽翼在深色背景的衬托下显得晶莹剔透，让昆虫显得更加轻盈，画面显得更精致。

⬆ 以逆光角度拍摄蝴蝶，在黄绿色背景的衬托下蝴蝶的翅膀呈现半透明状，脉络也都清晰可见，给人一种通透、清亮的感觉【焦距：100mm 光圈：f/7.1 快门速度：1/125s 感光度：400】

突出表现昆虫的复眼

许多昆虫的眼睛都是复眼，即每只眼睛几乎都是由成千上万只六边形的小眼紧密排列组合而成的，如蚂蚁、蜻蜓、蜜蜂均为复眼结构昆虫。在拍摄这种昆虫时，应该将拍摄的重点放在眼睛上，以使观者领略到微距世界中昆虫眼睛的神奇美感。

由于昆虫体积非常小，因此对眼睛进行对焦的难度很大。为了避免跑焦，可以尝试使用手动对焦的方式，并在拍摄时避免使用大光圈，以免由于景深过小，导致画面中昆虫的眼睛部分变得模糊。

⬆ 利用手动对焦模式，将焦点置于蜻蜓的眼睛上，对其局部进行特写，可以清楚地看到复眼，使画面充满视觉冲击力【焦距：100mm 光圈：f/5 快门速度：1/200s 感光度：100】

15.2 拍摄鸟类的技巧

◎ 拍摄鸟类时宜采用连拍驱动模式

拍摄鸟类时，为避免单张拍摄错失精彩瞬间，可以将相机的驱动模式设置为连拍。Canon EOS 77D在高速连拍模式下每秒能够连拍6张照片，按这种连拍速度拍摄3秒，即可获得18张连续照片，基本上能够从中选出令人满意的照片。

⬆ 上面的一组图是利用连拍驱动模式拍摄鸟儿飞翔的精彩瞬间【焦距：300mm　光圈：f/8　快门速度：1/4000s　感光度：3200】

◎ 采用人工智能伺服自动对焦拍摄飞行中的鸟儿

绝大多数鸟类都很容易被惊扰，很可能它前一刻还在悠闲漫步，下一刻就展翅高飞了。因此，在对焦时应采用人工智能伺服自动对焦方式，以便于在鸟儿运动时能够连续对其进行对焦，最终获得清晰、准确的画面。

如果要进一步提高拍摄成功率，可以在选用此对焦模式的基础上配合高速连拍进行拍摄。

⬆ 对于易被惊扰的鸟类进行拍摄时，使用人工智能伺服自动对焦模式可以连续对其对焦，以获得清晰的画质【焦距：500mm　光圈：f/3.2　快门速度：1/640s　感光度：400】

以纯净蓝天为背景拍摄鸟儿

通过仰视以天空为背景拍摄树枝上的鸟儿，不但可以避开杂乱的枝叶，还可以将蓝天作为画面的背景，衬托出鸟的轮廓与羽毛。采用这种手法进行拍摄时，注意避免在画面中仅仅出现一根树枝与鸟儿的构图形式，应该通过构图在画面中纳入更多的环境元素来丰富画面。

↑利用蓝天作为背景拍摄飞翔中的鸟儿，让画面形成一种纯粹的美【焦距：600mm 光圈：f/6.3 快门速度：1/1250s 感光度：320】

以水面或草地为背景拍摄鸟儿

通过俯视以水面或草地为背景拍摄游禽时，可以选择既能突出主体，又可以说明拍摄环境的水面区域为背景。水面上被游禽划出的一道道涟漪能让画面极具动感。如果水面有较强的反射光，可以使用偏振镜减弱反光。另外，由于水面的反光率较高，因此曝光量应该降低1挡以避免曝光过度。

↑摄影师以水面作为背景拍摄鸟儿，不仅交待了背景环境，突显了主体，还利用水面倒影形成对称式构图【焦距：100mm 光圈：f/5.6 快门速度：1/200s 感光度：100】

选择合适的光线拍摄鸟儿

顺光拍摄能够较好地表现鸟儿羽毛的质感及色泽，使照片看起来真实生动。

顶光和侧光比较相似，都会使拍摄出的画面有很强的明暗对比，适合表现鸟儿的立体感。

在逆光或侧逆光下拍摄鸟儿时，可以将测光模式设置为点测光，并针对天空的较明亮处测光，得到鸟儿的身体因曝光不足而形成的剪影效果。也可以将表现重点放在鸟儿的羽翼上，使其在光线的照射下形成半透明的效果，也使鸟儿在画面中显得轻盈、灵动。

→ 运用逆光拍摄猫头鹰，其头部周围的毛发出现好看的轮廓光，把主体衬托得更加生动有神【焦距：300mm 光圈：f/5.6 快门速度：1/320s 感光度：400】

15.3 拍摄动物的技巧

◉ 抓住时机表现动物温情一面

和人类彼此之间的感情交流一样，动物之间也有着它们交流的方式。如果希望照片更有内涵与情绪，应该抓住时机表现动物温情的一面。

例如，拍摄动物妈妈看护动物宝宝时，可以重点表现"舐犊情深"的画面；在动物发情的季节拍摄，应该表现热恋中的情人"缠绵"的场面，以及难得一见的求偶场景；偶遇天空或地面的动物大战，更需抓住难得的拍摄机会，表现动物世界中的冲突与争斗。

⬆ 舔舐是动物间表达感情的一种方式，不仅增强了画面的温情效果，还给人以自然、亲切感【焦距：300mm 光圈：f/6.3 快门速度：1/160s 感光度：200】

◉ 逆光下表现动物的金边毛发

大部分动物的毛发在侧逆光或逆光的条件下会呈现出半透明的光晕。因此运用这两种光线拍摄毛发茂盛的动物时，不仅能够生动而强烈地表现出动物的外形和轮廓，还能够在相对明亮的背景下突出主体，使主体与背景分离。

在拍摄时应该利用点测光模式对准动物身体上稍亮区域进行测光，从而使动物身体轮廓周围的半透明毛发呈现出一圈发亮的光晕，同时兼顾动物身体背光处的毛发细节。

⬆ 利用逆光光线将宠物猫的轮廓勾勒出来，并在其毛发边缘形成漂亮的轮廓光，使主体更加突出【焦距：140mm 光圈：f/7.1 快门速度：1/200s 感光度：100】

● 用特写拍摄动物的局部特征

使用长焦镜头特写表现动物的局部特征，可以使画面给人一种非常强烈的视觉冲击力。

拍摄时，往往要使动物的局部充满整个画面，在构图时可以运用黄金分割构图法则，将画面的兴趣点放在黄金分割点上。

↑ 摄影师采用特写拍摄宠物狗的头部，让其充满整个画面，并将焦点对准眼睛，给人一种强烈的视觉冲击【焦距：50mm 光圈：f/2.8 快门速度：1/320s 感光度：200】

● 拍摄鱼的方法

深入水下拍摄鱼儿，对大多数摄影者来说可能性较小。大多数情况下，只能拍摄放养在鱼缸里的鱼，或散养在鱼池中的鱼。

要拍摄鱼缸中的鱼，一定要减少鱼缸玻璃上的反光干扰。比较有用的拍摄技巧是，拍摄时让相机镜头中心线尽量与玻璃表面垂直。如果玻璃上有一些污点，可以使用镜头的最大光圈进行拍摄，通过小景深虚化这些污点。

除了平视外，还可以采用俯拍的方法进行拍摄，并通过降低曝光补偿的方法，使水面颜色深暗，衬托出色彩鲜亮、多彩的鱼儿。如果布局得当，所拍摄出来的画面会有一种水墨国画的效果。

↑ 摄影师通过利用大光圈将鱼缸背景虚化，以平视的角度拍摄到可爱、自然的热带鱼【焦距：60mm 光圈：f/2.8 快门速度：1/250s 感光度：320】

Chapter 城市建筑与夜景的拍摄技巧

16

16.1 拍摄建筑的技巧

逆光拍摄建筑物的剪影轮廓

许多建筑物的外观造型非常美，对于这样的建筑物，在傍晚时分进行拍摄时，如果选择逆光角度拍摄，可以拍摄出漂亮的建筑物剪影效果。

- 在具体拍摄时，只需要针对天空中的亮处进行测光，建筑物就会由于曝光不足而呈现出黑色的剪影效果。
- 如果按此方法得到的是半剪影效果，还可以通过降低曝光补偿使暗处更暗，建筑物的轮廓外形就更明显。
- 在使用这种技法拍摄建筑时，建筑的背景应该尽量保持纯净，最好以天空为背景。
- 如果以平视的角度拍摄时，背景出现杂物，如其他建筑、树枝等，可以考虑采用仰视的角度拍摄。

⬆ 傍晚，摄影师对准天空亮处曝光，建筑呈现剪影效果，漂亮的轮廓线条给人一种艺术美【焦距：105mm 光圈：f/8 快门速度：1/1000s 感光度：250】

拍出极简风格几何画面

在拍摄时，建筑在画面中所展现的元素尽可能少，有时反而会使画面呈现出更加令人印象深刻的视觉效果。尤其是现代建筑时，可以考虑只拍摄建筑的局部，利用建筑自身的线条和形状，使画面呈现强烈的极简风格的几何美感。

需要注意的是，如果画面中只有数量很少的几个元素，在构图方面需要非常精确。

另外，在拍摄时要大胆利用色彩搭配的技巧，增加画面的视觉冲击力。

● 摄影师利用建筑本身的线条拍出简洁的局部小景，画面中色彩的冲撞形成强烈的视觉效果，给人一种新鲜别致的感觉

使照片出现窥视感

窥视欲是人类与生俱来的一种欲望，摄影从小小的取景框中看世界，实际上也是一种窥视欲的体现。在探知欲与好奇心的驱使下，一些非常平淡的场景也会在窥视下变得神秘起来。

拍摄建筑时，可以充分利用其结构，使建筑在画面中形成框架，并通过强烈的明暗、颜色对比引导观者关注到拍摄主体，使画面产生窥视感，从而使照片有一种新奇的感觉。

框架结构还能给观者强烈的现场感，使其觉得自己正置身其中，并通过框架观看场景。另外，如果框架本身具有形式美感，能够为画面增色不少。

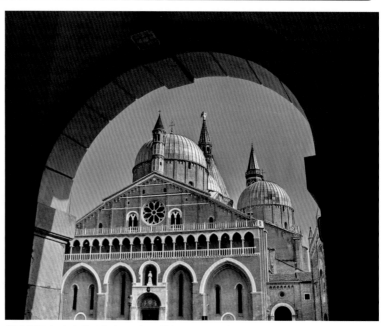

⬆ 摄影师把窗户作为框架，不仅可增加画面空间感，还突出了主体在画面中的表现，给人以窥视感【焦距：35mm 光圈：f/5.6 快门速度：1/320s 感光度：100】

高感光度+高ISO感光度降噪功能拍摄建筑精美的内部

除了拍摄建筑的全貌和外部细节之外，有时还应该进入其内部拍摄，如歌剧院、寺庙、教堂等建筑物内部都有许多值得拍摄的壁画或雕塑。

由于建筑室内的光线通常较暗，因此在拍摄时应注意快门速度，如果快门速度低于安全快门时，应提高感光度以相应提高快门速度，防止成像模糊，为了避免画面的噪点过大，需要开启"高ISO感光度降噪功能"。

⬆ 拍摄建筑内部时，由于光线较暗，摄影师通过提高感光度、开启"高 ISO 感光度降噪功能"获得清晰、精美的画质【焦距：18mm 光圈：f/5 快门速度：1/20s 感光度：800】

通过构图使画面具有韵律感

韵律原本是音乐中的词汇，实际上在各种成功的艺术作品中，都能够找到韵律的痕迹。韵律的表现形式随着载体形式的变化而变化，均可给人节奏感、跳跃感与生动感。

建筑物被称为凝固的乐曲，意味着在其结构中就隐藏着节奏与韵律，这种韵律可能是由建筑线条形成的，也可能是由建筑物自身的几何结构形成的。

拍摄建筑物时，需要不断调整视角，运用画面中建筑物的结构为画面塑造韵律。例如，一排排窗户、一格格玻璃幕墙，都能够在一定的角度下表现出漂亮的形式美感。

↑ 利用镜头的广角端拍摄呈合围之势的建筑，强烈的透视效果使画面看起来很有视觉冲击力，这样的表现手法给人一种全新的美感【焦距：17mm 光圈：f/5.6 快门速度：1/125s 感光度：100】

拍摄地标性建筑

每个地方都会有一个或几个地标性的建筑，它们代表着一个地方的文化艺术精华，往往让观者一下子就能认出这是什么地方。例如，北京的国家大剧院、鸟巢、中央电视台，台北的101大厦，吉隆坡的双子塔，迪拜的7星级帆船酒店。

拍摄时要先观察其地理位置，如朝向、高度、材质等，并思考是用早上、傍晚的光线还是夜晚的灯光来拍摄，主要目的是表现建筑物的雄伟，还是其与周围环境的关系。

如果能找到这个建筑物和当地人的关系并将之融入画面，会使照片更有深度。

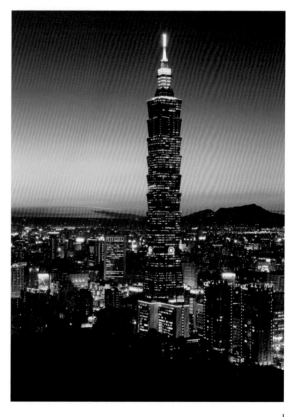

➡ 每个地方都有自己的地标性建筑，如画面中的建筑就是台北的101大厦【焦距：40mm 光圈：f/14 快门速度：2s 感光度：100】

降低曝光补偿拍摄古建筑

如果拍摄的是古建筑，如司马台古长城、圆明园、颐和园，应重点表现一种古老、沧桑的感觉。可以在画面中摄入一些残破、衰败的元素，以增强画面的气氛。例如，在画面中纳入残砖、碎瓦，或者在前景中纳入枯枝、茅草等。

为了在色调上配合这种历史感与沧桑感，可以适当降低曝光补偿，使照片的色调更浓郁、深沉。

↑ 为了体现圆明园建筑的沧桑感，摄影师在拍摄时降低了 1 挡曝光补偿，使画面看起来更具有历史性和故事性【焦距：30mm 光圈：f/4 快门速度：1/80s 感光度：100】

通过质感表现古建筑

对于文物古迹摄影来说，除了可以表现建筑物的雄伟和古老之外，还可以将重点放在突出表现其质感的方面，例如，圆明园石柱的粗糙、故宫围墙上剥落的红色墙皮、布达拉宫大门的铜钉等。

在拍摄这些细部时，首先要注意焦点清晰，最好使用较小光圈制造较大的景深，从而清晰地展现要拍摄部分的细部。

在光线方面最好使用侧光，顺光在表现质感方面较弱，而逆光会使拍摄主体上有质感的局部由于曝光不足被淹没在阴影中。

↑ 朱漆大门，略显老旧的黄铜门扣，体现出故宫的皇家气派【焦距：100mm 光圈：f/4 快门速度：1/320s 感光度：400】

16.2 拍摄夜景的技巧

◉ 曝光技巧

拍摄城市夜景时，由于场景的明暗差异很大。因此，为了获得更精确的测光数据，通常应该选择中央重点平均测光或点测光模式，然后选择比画面中最亮区域略暗一些的区域进行测光，以保证高光区域能够得到足够的曝光。在必要情况下，应该做−0.3EV~−1EV挡曝光补偿，以使拍摄出来的照片表现出深沉的夜色。

由于拍摄夜景时的曝光时间通常较长，因此一定要使用三脚架，必要的情况下还应该使用快门线或自拍功能，以最大程度上确保画面的清晰度。

⬆ 摄影师通过降低 1 挡曝光补偿拍摄夜景，使画面看起来更显深沉、稳重【焦距：18mm 光圈：f/22 快门速度：30s 感光度：200】

◉ 对焦技巧

由于夜景中的光线较暗，可能会出现对焦困难的情况，此时可以使用相机的中央对焦点进行对焦，因为通常相机的中央对焦点的对焦功能都是最强的。对焦时应该选择明暗反差较大的景物，如路灯、色彩丰富的广告牌等。

也可以切换至手动对焦模式，通过取景器或实时显示来观察是否合焦正确，并进行试拍，然后注意查看是否存在景深不够大或焦点不实的情况，并在后续拍摄过程中有目的地调整。

⬆ 摄影师通过利用点测光模式将对焦点对准桥梁上的灯光，天空、建筑和水面均得到准确曝光，使夜景看起来更具美感【焦距：18mm 光圈：f/16 快门速度：1s 感光度：100】

◉ 拍摄夜景的最佳时机

要拍摄城市夜景，不能等
到天空完全暗下去以后，虽然
那时城市里的灯光更加璀璨，
但天空却缺乏色彩变化。当太
阳刚刚落山，路灯刚刚开始点
亮的时候，往往是拍摄夜景的
最佳时机。

此时天空有更丰富的色彩，
且在这段时间拍摄夜景，天空的
余光能勾勒出城市建筑的轮廓。

↑ 傍晚，天空还没有完全黑下来，并呈现出漂亮的宝蓝色调，与暖色调的灯光形
成冷暖色对比，给人一种温馨的夜的感觉【焦距：25mm　光圈：f/7.1　快门速度：
5s 感光度：100】

◉ 拍出漂亮的蓝调夜景

要拍出蓝调夜景照片，应
该在华灯初上时进行拍摄，此
时的天空通常呈现为漂亮的蓝
紫色。

此外，应该充分考虑空气
的清洁度，因为即使是轻度雾
霾，也会导致照片通透度大幅
度下降。

如果希望增强画面的蓝调
效果，可以将白平衡模式设置
为荧光灯模式，或者通过手调
色温的方式将色温设置为较低
的数值。

↑ 傍晚拍摄夜景，将白平衡调至荧光灯模式，并利用小光圈配合三脚架使用，
以获得大视角的蓝色调画面【焦距：20mm　光圈：f/11　快门速度：20s　感光度：
100】

⚙ 利用水面反射光拍摄夜景

　　相对于晴天，雨后更适合拍夜景，因为雨天的夜晚地面的积水会反射出城市的夜景，而且亮处的景物显得更加明亮，暗处的景物显得更加朦胧，拍摄出来的画面也更生动。

　　除了利用地面的积水，还可以寻找具有大面积水域的地方进行拍摄。水面的倒影与岸上的景物会形成呼应，构成虚实对比，画面显得美轮美奂。

　　拍摄时，注意使用最低的ISO感光度值，尽量延长曝光时间，使画面中的水面光洁、平静如镜面，更好地表现水面的倒影。

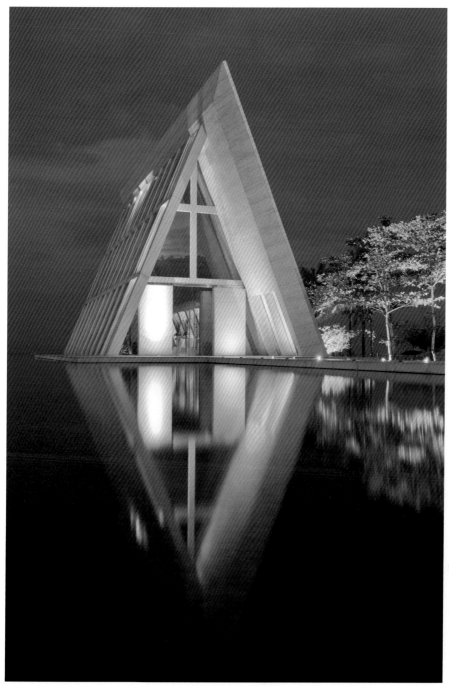

◀ 水面的倒影光带使原本简单的夜景画面瞬间变得丰富多彩起来，地上的夜景和水中的倒影融为一体，有种如梦似幻的感觉【焦距：22mm 光圈：f/6.3 快门速度：20s 感光度：100】

◑ 再现夜间里的奇幻星轨

选择合适的拍摄地点

要拍摄出漂亮的星轨，首要条件是选择合适的拍摄地点。在灯火通明的城市很少能够看到满天星辰，因为地面的灯光过于强烈。如果要拍摄星轨，最好在晴朗的夜晚前往郊外或乡村。

选择合适的拍摄方位

接下来需要选择拍摄方位，如果将镜头对准北极星，可以拍摄出所有星星都围绕着北极星旋转的环形画面，在这个方向上曝光1小时，画面上的星轨弧度为15°，2小时为30°。对准其他方位拍摄的星轨都呈现为弧形。

确定拍摄时使用的光圈与曝光时长

拍摄时将光圈设置到f/5.6～f/8的小光圈，以保证得到较清晰的星光轨迹。

为了较自由地控制曝光时间，应多选用B门进行拍摄，配合使用带有B门快门释放锁的快门线能够让拍摄变得更加轻松且准确。使用时可以通过B门快门释放锁的功能，随意控制曝光时间长短。曝光时间越长，画面上星星划出的轨迹越长、越明显。

选择合适的对焦与构图方式

在实际拍摄时，还要解决对焦的难题。此时，如果远方有灯光，可以先对灯光附近的景物进行对焦，然后切换至手动对焦方式进行构图拍摄；也可以直接旋转变焦环将焦点对在无穷远处，即旋转变焦环直至到达标有∞符号的位置。

在构图时为了避免画面过于单调，可以将地面的景物与星星同时摄入画面，使作品更生动活泼。如果地面的景物没有光照，可以通过使用闪光灯人工补光的操作方法来弥补。

选择合适的器材、附件

拍摄星轨的场景通常在郊外，因此气温较低，相机应该有充足的电量。因为在温度较低的环境下拍摄，相机的电量下降得相当快。

长时间曝光时，相机的稳定性是第一位的，稳固的三脚架是必备的。

在镜头选择方面，应该选择35～50mm焦距的镜头。较广的焦距虽然能够拍摄更大的场景，但星轨会过细，如果焦距过长，视野则会过窄。

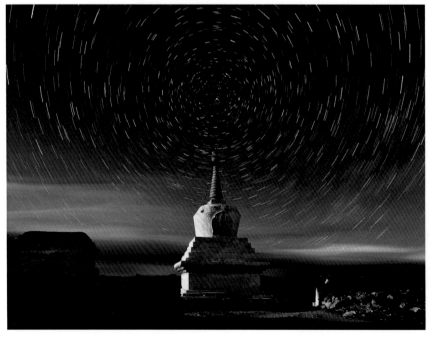

◑ 摄影师把三脚架配合低速快门使用，对着天空进行长时间的曝光，得到近乎完美的星轨图【焦距：24mm 光圈：f/8 快门速度：1170s 感光度：800】

选择合适的拍摄手法

拍摄星轨通常可以用两种方法，一种是通过长时间曝光前期拍摄，即拍摄时使用B门，通常要曝光半小时甚至几个小时；第二种方法是使用延时摄影的手法进行拍摄，通过设置定时快门线，使相机在长达几小时的时间内，每隔1秒或几秒拍摄一张照片，完成拍摄后，在Photoshop中利用堆栈技术，将这些照片合成为一张星轨迹照片。

目前第二种方法比较流行，因为使用这种拍摄手法不用担心相机在拍摄过程中断电，即使断电也只需要换上新电池继续拍摄即可，对后期合成效果影响不大。另外，由于每一张照片曝光时间短，因此照片的噪点比较少，画质纯净。

🔘 拍摄川流不息的汽车形成的光轨

使用慢速快门拍摄车流经过后留下的长长光轨，是绝大多数摄影爱好者喜爱的城市夜景题材。要拍好这一题材，需注意以下拍摄要点。

- 使用三脚架，以确保在曝光时间内相机处于绝对稳定的状态。
- 选用镜头的广角端或广角镜头使视野更开阔。
- 将曝光模式设置为快门优先，以通过设置较低的快门速度来获得较长的曝光时间。

- 在能够俯视车流的高点进行拍摄，如高楼的楼顶或立交桥上。
- 汽车行进的道路最好具有一定的弯曲度，从而使车流形成的光线在画面中具有曲线的美感。
- 半按快门对拍摄场景中车流附近的静止物体对焦，确认对焦正确后，可以切换为手动对焦状态。
- 将测光模式设置为评价测光模式。

⬆ 使用低速快门拍摄城市大道中的车流，车流颜色浓郁，十分具有线条美，同时一路远去的车流让画面的空间感也得到了极大提升【焦距：20mm 光圈：f/16 快门速度：25s 感光度：100】

211

◉ 在弱光下拍摄烟火的技巧

漂亮的烟花各有精彩之处，但拍摄的技术却大同小异，具体来说有三点，即对焦技术、曝光技术、构图技术。

选择合适的对焦方式

如果在烟花升起后才开始对焦拍摄，等对焦成功，烟花也差不多谢幕了。因此如果所要拍摄的烟花升起的位置差不多，应该先以前一次升起的烟花作为对焦的依据，拍摄成功后，切换至手动对焦方式，以保证后面每次的拍摄都能够正确的对焦。

如果条件允许，也可以对周围被灯光点亮的建筑物进行对焦，然后使用手动对焦模式拍摄烟花。

选择合适的曝光方式

在曝光技术方面要把握两点，一是曝光时间长度，二是光圈大小。烟花从升空到燃放结束，大概只有5~6秒的时间，最美的阶段则是前面的2秒~3秒，因此，如果只拍摄一朵烟花，可以将快门速度设定在这个范围内。如果距离烟花较远，为确保画面景深，要设置光圈数值为f/5.6~f/10。如果拍摄的是持续燃放的烟花，应当适当缩小光圈，以免画面曝光过度。光圈数值大小的设置，要在上述的基础上根据自己拍摄环境的光线反复尝试，不可生搬硬套。

选择合适的构图方式

构图时可将地面有灯光的景物、人群也纳入画面中，以此来美化画面或增加画面气氛。因此要使用广角镜头进行拍摄，可以将烟花和周围景物一起纳入画面。

使用多重曝光技巧拍摄

如果要想在拍摄时得到蒙太奇的效果，让多个烟火叠加在一张照片上，应该用B门曝光模式。拍摄时按下快门后，用不反光的黑卡纸遮住镜头，每当烟花升起，就移开黑卡纸让相机曝光2~3秒，多次之后，关闭快门可以得到多重烟花同时绽放的照片。

↑ 摄影师通过利用B门曝光模式拍摄到河面上灿烂盛开的烟花，为城市夜景增添了几分魅力【焦距：18mm 光圈：f/9 快门速度：8s 感光度：160】

Chapter 人像、风光摄影后期处理技巧

17

17.1 人像后期处理技巧

梦幻淡蓝色调

在本例中，将利用"可选颜色"命令，对照片全局的色彩进行处理，然后结合"云彩"滤镜及图层混合模式，为照片增加梦幻效果，最后，利用图层蒙版恢复出一部分原始的人物图像，使人物的色调与画面整体更为协调。这种技法适合用于环境为绿色且人物与环境的色彩及亮度均区分较大的照片，可以得到更佳的效果。

1 在Photoshop软件中，打开随书附赠光盘中的文件"Chapter 17\梦幻淡蓝色调-素材.jpg"，如图17.1所示。

图17.1

2 单击创建新的填充或调整图层按钮 ，在弹出的菜单中选择"可选颜色"命令，创建得到"选取颜色1"调整图层。然后在"属性"面板中设置参数如图17.2和图17.3所示，从而将画面中的绿色调整成为蓝色，得到如图17.4所示的效果。

图17.2　　　　　　图17.3

图17.4

3 按照上一步的方法，再创建得到"选取颜色2"调整图层。然后在"属性"面板中设置参数如图17.5、图17.6、图17.7和图17.8所示，以进一步美化画面中的色调，得到如图17.9所示的效果。

图17.5　　　　　　　　　图17.6

图17.7　　　　　　　　　图17.8

4 为画面增加梦幻效果。新建"图层1"，按快捷键

"D"将前景色与背景色恢复为默认的黑白色，然后选择"滤镜/渲染/云彩"命令，得到类似如图17.10所示的效果。

图17.9

图17.10

5 设置"图层1"的混合模式为"滤色"，不透明度为30%，得到如图17.11所示的效果。

图17.11

6 此时，画面的基本效果已经处理完毕，但人物的色调过于偏蓝，下面就来处理这个问题。选择"背景"图层，按快捷键"Ctrl+J"复制得到"背景 拷贝"，并按快捷键"Ctrl+Shift+]"将其置于顶部。

7 按住"Alt"键并单击"图层"面板底部的添加图

层蒙版按钮 ▣，从而为"图层1"添加一个填充了黑色的图层蒙版。然后选择画笔工具 ✎，设置前景色为白色，并设置适当的画笔大小及硬度，如图17.12所示。

图17.12

8 在画笔工具 ✎ 选项栏上设置较低的不透明度数值，然后在人物身上进行涂抹，在细节的位置，应调整为较小的画笔进行精细涂抹，直至得到类似如图17.13所示的效果。按住"Alt"键并单击图层蒙版的缩览图，可以显示其中的状态，如图17.14所示。

图17.13

图17.14

⑨ 最后，来优化一下照片整体的对比。单击创建新的填充或调整图层按钮 ●.，在弹出的菜单中选择"亮度/对比度"命令，创建得到"亮度/对比度1"调整图层。然后在"属性"面板中设置参数如图17.15所示，得到如图17.16所示的效果，此时的"图层"面板如图17.17所示。

图17.16

图17.15

图17.17

清新甜美的阳光色调

在本例中，将主要使用"自然饱和度"和"色相/饱和度"命令，调整照片的色彩，然后利用"渐变填充"与图层混合模式，为照片的顶部添加漂亮的阳光色调。这种技法适合于以绿色或其他较为自然清新的色彩为主的照片，照片的上方区域最好能够有较大面积的亮调区域（但最好不要有蓝天，否则红色与蓝色混合后的视觉效果容易产生怪异的感觉）。

① 在Photoshop软件中，打开随书附赠光盘中的文件"Chapter 17\清新甜美的阳光色调-素材.jpg"，如图17.18所示。

② 单击创建新的填充或调整图层按钮 ●.，在弹出的菜单中选择"自然/饱和度"命令，创建得到"自然/饱和度1"调整图层。然后在"属性"面板中设置参数如图17.19所示，以增加画面中的色彩饱和度，得到如图17.20所示的效果。

③ 单击创建新的填充或调整图层按钮 ●.，在弹出的菜单中选择"色相/饱和度"命令，创建得到"色相/饱和度1"调整图层。然后在"属性"面板中设置参数如图17.21和图17.22所示，从而进一步强化照片中的绿色，得到如图17.23所示的效果。

图17.18

图17.19

图17.20

图17.21　　　　　　　　图17.22

图17.23

④ 为画面上半部分增加阳光色调。单击创建新的填充或调整图层按钮 **◔**，在弹出的菜单中选择"渐变填充"命令，创建得到"渐变填充1"调整图层，在弹出的对话框中设置渐变的色彩，如图17.24所示，得到如图17.25所示的效果。

图17.24

⑤ 设置"渐变填充1"的混合模式为"滤色"，使渐变叠加在现有的图像上，得到如图17.26所示的效果。

图17.25　　　　　　　　图17.26

⑥ 为照片的上半部分添加光晕。新建一个图层得到"图层1"，设置前景色为黑色，按快捷键"Alt+Delete"填充黑色。

⑦ 选择"滤镜/渲染/镜头光晕"命令，设置弹出的对话框如图17.27所示，得到如图17.28所示的效果。

图17.27　　　　　　　　图17.28

⑧ 设置"图层1"的混合模式为"滤色"，得到如图17.29所示的最终效果，此时的"图层"面板如图17.30所示。

图17.29　　　　　　　　图17.30

🔘 时尚多彩色调

在本例中，将主要使用渐变色彩的叠加功能，配合图层混合模式的运用，将其与照片融合在一起，并通过图层蒙版及不透明度的调节，避免渐变色彩过多地遮挡人物的面部及身体。这种技法适合于画面较为明亮、通透的照片，照片中尽量不要出现大面积的死黑或死白区域。

1 在Photoshop软件中，打开随书附赠光盘中的文件"Chapter 17\时尚多彩色调-素材.jpg"，如图17.31所示。

图17.31

2 单击创建新的填充或调整图层按钮 ⊘.，在弹出的菜单中选择"渐变填充"命令，创建得到"渐变填充1"图层，在弹出的对话框中，单击渐变色彩显示条，调出并设置弹出的"渐变编辑器"对话框。在本例中，可选择默认的彩虹渐变，如图17.32所示。

图17.32

3 使用鼠标左键单击并按住彩虹渐变最左侧的色标向下拖动，以将其删除，得到如图17.33所示的状态。单击"确定"退出对话框，返回"渐变填充"对话框并按照图17.34所示进行设置。

4 单击"确定"按钮退出"渐变填充"对话框，得到如图17.35所示的填充效果。

图17.33

图17.34

图17.35

5 设置"渐变填充1"的混合模式为"滤色"，不透明度为80%，得到如图17.36所示的效果。

6 擦除多余的渐变色彩。选择"渐变填充1"的图层蒙版，选择画笔工具 ✔. 并设置前景色为黑色，然后设置适当的柔边画笔大小及不透明度，在人物的面部及身体处进行涂抹，得到类似如图17.37所示的效果。此时按住"Alt"键并单击图层蒙版的缩略图，可以查看其状态，如图17.38所示。

图17.36　　　　　　图17.37

7 调整照片整体的对比度。单击创建新的填充或调整图层按钮 ⊘.，在弹出的菜单中选择"亮度/对比度"命令，创建得到"亮度/对比度1"调整图层。

然后在"属性"面板中设置参数如图17.39所示，得到如图17.40所示的效果，此时的"图层"面板如图17.41所示。

图17.40　　　　　　图17.41

图17.38

图17.39

温馨雅致的暖黄色调

在本例中，主要是使用"色相/饱和度"命令改变照片的基本色调，然后再使用"可选颜色"命令对照片的色彩进行进一步的润饰与调整，从而获得漂亮的暖黄色调效果。这种技法适合用于以绿色为主的照片。

1 在Photoshop软件中，打开随书附赠光盘中的文件"Chapter 17\温馨雅致的暖黄色调-素材.jpg"，如图17.42所示。

图17.42

2 由于画面中的色彩较为灰暗，因此首先来调整一下此问题。单击创建新的填充或调整图层按钮 ○.，在弹出的菜单中选择"色相/饱和度"命令，创建得到"色相/饱和度1"调整图层。然后在"属性"面板中设置参数如图17.43、图17.44、图17.45和图17.46所示，得到如图17.47所示的效果。

图17.43　　　　　　图17.44

图17.45　　　　　　图17.46

3 使用"可选颜色"命令进一步调整照片的暖调色彩。单击创建新的填充或调整图层按钮 ○.，在弹出的菜单中选择"可选颜色"命令，创建得到"选取颜色1"调整图层。然后在"属性"面板中设置参数如图17.48、图17.49、图17.50和图17.51所示，得到如图17.52所示的效果。

图17.47

图17.48　　　　　　图17.49

图17.50　　　　　　图17.51

图17.52

4 复制图层"选取颜色1"得到"选取颜色1 拷贝"，以增强画面效果，如图17.53所示。

图17.53

5 新建"图层1"，按快捷键"D"将前景色与背景恢复为默认的黑、白色，选择"滤镜/渲染/云彩"命令，得到如图17.54所示的效果。

图17.54

6 设置"图层1"的混合模式为"滤色"，不透明度为30%，以增加画面的朦胧效果，如图17.55所示。此时的"图层"面板如图17.56所示。

图17.55

图17.56

17.2 风光后期处理技巧

大气水岸日落效果

在本例中，首先是利用"高反差保留"滤镜，为照片整体增加立体感，然后通过"可选颜色"命令，调整出照片红、黄、蓝的三色对比效果，最后使用"亮度/对比度"命令，优化整体的曝光。这种技法适合于有一定冷、暖色彩对比的照片。

1 在Photoshop软件中，打开随书附赠光盘中的文件"Chapter 17\大气水岸日落效果-素材.jpg"，如图17.57所示。

图17.57

2 首先，来增加照片整体的立体感。按快捷键"Ctrl+J"复制"背景"图层得到"图层1"，选择"滤镜/其它/高反差保留"命令，设置弹出的对话框如图17.58所示，得到如图17.59所示的效果。

图17.58

3 设置"图层1"的混合模式为"柔光"，得到如图17.60所示的效果。

图17.59

图17.60

4 调整照片整体的色彩。单击创建新的填充或调整图层按钮 ⊘.，在弹出的菜单中选择"可选颜色"命令，创建得到"选取颜色1"调整图层，然后在"属性"面板中选择"红色"与"黄色"选项，对其中的暖调进行处理，如图17.61和图17.62所示，得到如图17.63所示的效果。

图17.61   图17.62

221

图17.63

⑤ 在"属性"面板中继续选择"青色"与"蓝色"选项并调整参数，如图17.64和图17.65所示，以调整天空与水面处的色彩，效果如图17.66所示。

图17.64　　　　　　　图17.65

图17.66

⑥ 在"属性"面板中继续选择"洋红"与"中性灰"选项并调整参数，如图17.67和图17.68所示，以调整紫色及照片整体的色调，效果如图17.69所示。

图17.67　　　　　　　图17.68

图17.69

⑦ 最后，再来调整一下照片整体的对比。单击创建新的填充或调整图层按钮 ，在弹出的菜单中选择"亮度/对比度"命令，创建得到"亮度/对比度1"调整图层。然后在"属性"面板中设置参数，如图17.70所示，得到如图17.71所示的效果，此时的"图层"面板如图17.72所示。

图17.70

图17.71

图17.72

骄阳下的通透枫叶

在本例中，主要是使用"阴影/高光"与"曲线"命令显示出照片中暗部的细节，然后使用"可选颜色"命令，对各部分的色彩进行细致调整，最后再使用"镜头光晕"命令，为照片增加光晕效果。这种技法适合用于以红、黄为主的树叶照片。

1 在Photoshop软件中，打开随书附赠光盘中的文件"Chapter 17\骄阳下的通透枫叶-素材.jpg"，如图17.73所示。

图17.73

2 首先，来优化照片整体偏暗的问题。选择"图像/调整/阴影/高光"命令，设置弹出的对话框如图17.74所示，以提亮照片的暗部，效果如图17.75所示。

图17.74

图17.75

3 单击创建新的填充或调整图层按钮 ◐，在弹出的菜单中选择"曲线"命令，创建得到"曲线1"调整图层。然后在"属性"面板中设置参数，如图17.76所示，以提亮照片整体，效果如图17.77所示。

图17.76

图17.77

4 细调树叶的色彩。单击创建新的填充或调整图层按钮 ◐，在弹出的菜单中选择"可选颜色"命令，创建得到"选取颜色1"调整图层。然后在"属性"面板中设置参数，如图17.78、图17.79和图17.80所示，得到如图17.81所示的效果。

图17.78

图17.79

图17.80

图17.81

5 在"可选颜色"命令的"属性"面板中继续调整天空的色彩，按照图17.82和图17.83所示进行参数设置，得到如图17.84所示的效果。

图17.82　　　　图17.83

图17.84

6 对照片整体的色彩进行调整。单击创建新的填充或调整图层按钮 ⊘，在弹出的菜单中选择"色彩平衡"命令，创建得到"色彩平衡1"调整图层。然后在"属性"面板中设置参数，如图17.85所示，得到如图17.86所示的效果。

图17.85

图17.86

7 为照片的高光位置添加光晕效果。新建"图层1"，设置前景色为黑色，按快捷键"Alt+Delete"填充黑色，并设置其混合模式为"滤色"。

8 选择"滤镜/渲染/镜头光晕"命令，设置弹出的对话框如图17.87所示，得到如图17.88所示的效果，此时的"图层"面板如图17.89所示。

图17.87

图17.88

图17.89

魅力夕阳风景

在本例中，主要是利用"渐变映射"命令，为照片整体叠加一个全新的色彩，并通过图层混合模式，将该色彩与原照片融合在一起，再结合载入通道选区及"曲线"命令等功能，优化照片整体的色调。这种技法适合用于明暗对比较好、暗部不会过多的照片。

1. 在Photoshop软件中，打开随书附赠光盘中的文件"Chapter 17\魅力夕阳风景-素材.jpg"，如图17.90所示。

图17.91

图17.90

2. 首先，来优化一下照片的亮度。单击创建新的填充或调整图层按钮 ○.，在弹出的菜单中选择"曲线"命令，创建得到"曲线1"调整图层。然后在"属性"面板中设置参数，如图17.91所示，得到如图17.92所示的效果。

3. 下面调整照片整体的色调。单击创建新的填充或调整图层按钮 ○.，在弹出的菜单中选择"渐变映射"命令，创建得到"渐变映射1"调整图层。然后在"属性"面板中单击渐变显示条，在弹出的"渐变编辑器"中选择默认的"紫、橙渐变"，如图17.93所示，单击"确定"按钮退出对话框。

图17.92

4. 继续在"属性"面板中设置参数，如图17.94所示，得到如图17.95所示的效果。

图17.93　　　　　　　图17.94

图17.95

5 设置"渐变映射1"的混合模式为"强光"，得到如图17.96所示的效果。

图17.96

6 优化照片高光区域的亮度。按快捷键"Ctrl+Alt+Shift+2"载入RGB通道中高光区域的选区，效果如图17.97所示。

图17.97

7 单击创建新的填充或调整图层按钮 ，在弹出的菜单中选择"曲线"命令，创建得到"曲线2"调整图层，然后在"属性"面板中设置参数，如图17.98所示，得到如图17.99所示的效果，此时的"图层"面板如图17.100所示。

图17.98

图17.99

图17.100

清新唯美的花树

在本例中，主要是使用"自然饱和度"与"色彩平衡"命令，对照片的基本色彩进行美化，然后再使用"可选颜色"命令，有针对性地调整照片中的绿色及粉色，同时为照片的暗部增加一定的蓝色调，使整体的色调更具对比效果。这种技法适用于以绿色为背景、以白色或粉色花朵为主的照片。

1 在Photoshop软件中，打开随书附赠光盘中的文件"Chapter 17\清新唯美的花树-素材.jpg"，如图17.101所示。

图17.101

2 首先，来优化一下照片的色彩。单击创建新的填充或调整图层按钮，在弹出的菜单中选择"自然饱和度"命令，创建得到"自然饱和度1"调整图层。然后在"属性"面板中设置参数，如图17.102所示，得到如图17.103所示的效果。

图17.102　　　　　图17.103

3 调整照片整体的色彩。单击创建新的填充或调整图层按钮，在弹出的菜单中选择"色彩平衡"命令，创建得到"色彩平衡1"调整图层。然后在"属性"面板中设置参数，如图17.104所示，得到如图17.105所示的效果。

图17.104

4 使用"可选颜色"命令润饰照片中花朵的色彩。单击创建新的填充或调整图层按钮，在弹出的菜单中选择"可选颜色"命令，创建得到"选取颜色1"调整图层。然后在"属性"面板中选择"红色"选项并设置参数，如图17.106所示，得到如图17.107所示的效果。

图17.105　　　　　图17.106

5 继续在"属性"面板中选择"白色"选项并设置参数，如图17.108所示，得到如图17.109所示的效果，此时的"图层"面板如图17.110所示。

图17.107　　　　　图17.108

图17.109　　　　　图17.110

唯美水景

在本例中，主要是使用"高反差保留"滤镜增强画面的立体感，然后结合"曲线""亮度/对比度"及"可选颜色"命令，调整画面的色彩与对比。这种技法适合用于冷暖与明暗对比都较好，且暗部不多的照片。

1　在Photoshop软件中，打开随书附赠光盘中的文件"Chapter 17\唯美水景-素材.jpg"，如图17.111所示。

图17.111

2　首先，来优化一下照片的立体感。按快捷键"Ctrl+J"复制"背景"图层得到"图层1"，选择"滤镜/其它/高反差保留"命令，设置弹出的对话框如图17.112所示，得到如图17.113所示的效果。

图17.112

图17.113

3　设置"图层1"的混合模式为"柔光"，不透明度为40%，得到如图17.114所示的效果。

图17.114

4　调整照片的色彩。单击创建新的填充或调整图层按钮 ◑，在弹出的菜单中选择"曲线"命令，创建得到"曲线1"调整图层。然后在"属性"面板中设置参数，如图17.115和图17.116所示，得到如图17.117所示的效果。

图17.115　　　　图17.116

图17.117

5　调整照片的曝光。单击创建新的填充或调整图层按钮 ◑，在弹出的菜单中选择"亮度/对比度"命令。创建得到"亮度/对比度1"调整图层。然后在

"属性"面板中设置参数，如图17.118所示，得到如图17.119所示的效果。

图17.118

图17.119

6 调整照片中的细节色彩。单击创建新的填充或调整图层按钮 ⊘，在弹出的菜单中选择"可选颜色"命令，创建得到"选取颜色1"调整图层。然后在"属性"面板中设置参数，如图17.120、图17.121和图17.122所示，得到如图17.123所示的效果，此时的"图层"面板如图17.124所示。

图17.120

图17.121

图17.122

图17.123

图17.124

Chapter Camera Raw后期处理技巧

18

18.1 通过改变色温与色调值打造金色落日效果

在本例中，主要是使用Camera Raw软件中的色温调整功能，结合Raw格式文件保留的丰富原始信息，从而实现完美改变照片色调的目的，其操作步骤如下。

1️⃣ 在Photoshop中打开要处理的Raw格式照片"Chapter 18\18.1\通过改变色温与色调值打造金色落日效果-素材.NEF"，以启动Camera Raw软件，如图18.1所示。

图18.1

2️⃣ 选择"基本"选项卡，向右侧拖动"色温"滑块，以增加画面的暖调效果，如图18.2所示，得到如图18.3所示的画面效果。

图18.2

图18.3

3️⃣ 向右侧拖动"清晰度"滑块，以增加画面中细节元素的立体感，如图18.4所示，得到如图18.5所示的画面效果。

图18.4

图18.5

4️⃣ 分别向右侧拖动"自然饱和度"和"饱和度"滑块，使画面的色彩更鲜艳，如图18.6所示，得到如图18.7所示的画面效果。

图18.6

图18.7

5️⃣ 分别拖动右侧中间区域的曝光调整滑块，使画面中的暗部更暗，亮部更亮，如图18.8所示，得到如图18.9所示的画面效果。

图18.8

图18.9

18.2 通过调整对比度与色彩增强日落时画面的冷暖对比

在本例中，主要是使用Camera Raw软件中的色温及色彩调整功能，结合Raw格式文件保留的丰富原始信息，从而实现完美改变照片色调、强化色彩对比的目的，其操作步骤如下。

1 在Photoshop中打开要处理的Raw格式照片"Chapter 18\18.2\通过调整对比度与色彩增强日落时画面的冷暖对比-素材.NEF"，以启动Camera Raw软件，如图18.10所示。

图18.10

2 选择"基本"选项卡，拖动"色温"与"色调"滑块，以改变画面的基本色调，如图18.11所示，得到如图18.12所示的画面效果。

图18.11

图18.12

3 拖动右侧中间区域的各滑块，以调整画面曝光与对比度，如图18.13所示，得到如图18.14所示的画面效果。

图18.13

图18.14

4 分别向右侧拖动"清晰度""自然饱和度"和"饱和度"滑块，以强化照片的色彩与对比，如图18.15所示，得到如图18.16所示的画面效果。

图18.15

图18.16

5 选择"HSL/灰度"选项卡，并在其中选择"明亮度"子选项卡，在其中设置参数，以单独调整其中的蓝色、紫色及洋红色，如图18.17所示，得到如图18.18所示的画面效果。

图18.17

图18.18

18.3 用渐变滤镜功能将曝光过度的天空改为淡蓝色

在本例中，主要是通过调整照片的色温及曝光，将照片整体的色彩调整好，然后再利用渐变滤镜功能将天空处理为自然的蓝色效果，其操作步骤如下。

1 在Photoshop中打开要处理的Raw格式照片"Chapter 18\18.3\用渐变滤镜功能将曝光过度的天空改为淡蓝色-素材.NEF"，以启动Camera Raw软件，如图18.19所示。

图18.19

2 首先，在右侧参数区的顶部调整一下的色温与色调，如图18.20所示，得到如图18.21所示的画面效果。

图18.20

图18.21

3 在右侧参数区的中间部分，分别拖动各个滑块，以调整照片的曝光与对比，如图18.22所示，得到如图18.23所示的画面效果。

图18.22

图18.23

④ 在右侧参数区的底部，分别拖动各个滑块，以调整照片的色彩，如图18.24所示，得到如图18.25所示的画面效果。

图18.24

图18.25

⑤ 使用渐变滤镜工具，按住快捷键"Shift"从天空向右下绘制一个渐变，并在右侧设置参数，使天空变为有过滤的蓝色，如图18.26所示，得到如图18.27所示的画面效果。

图18.26

图18.27

⑥ 设置完成后，选择任意一个其他工具，即可隐藏渐变滤镜框。

18.4 优化提亮暗部后产生的大量噪点

在本例中，主要是利用Camera Raw软件的噪点处理功能，处理提亮照片暗部后产生的大量噪点，此方法也适合用于处理在弱光环境或使用高ISO值拍摄时产生的噪点，其操作步骤如下：

1 在Photoshop中打开要处理的Raw格式照片"Chapter 18\18.4\优化提亮暗部后产生的大量噪点-素材.NEF"，以启动Camera Raw软件，如图18.28所示。

图18.28

2 首先对照片进行裁剪。使用鼠标左键单击并按住"裁剪工具"图标 ，在弹出的菜单中设置其裁剪参数，如图18.29所示，在照片的底部中间处拖动并调整裁剪框，如图18.30所示。

图18.29

图18.30

3 选择任意一个其他工具，以完成裁剪操作，效果如图18.31所示。

图18.31

4 在右侧面板的中间区域调整照片整体的曝光与对比，如图18.32所示，得到如图18.33所示的画面效果。

图18.32

图18.33

5 在右侧面板底部的区域调整参数，以强化照片整体的色彩，如图18.34所示，得到如图18.35所示的画面效果。

图18.34

图18.35

6 调整好曝光与色彩后，画面中已经显露出大量的噪点，下面就来对其进行处理。将显示比例设置为100%或更高，以便于观察，然后选择"细节"选项卡，拖动"减少杂色"区域中的"明亮度"滑块以减少噪点，如图

18.36所示，调整后的对比效果如图18.37所示。

图18.36

图18.37

7 继续调整其他参数，如图18.38所示，以优化噪点与异色。图18.39所示是调整后的对比效果，图18.40所示是调整后的整体效果。

图18.38

图18.39

图18.40

图书在版编目（CIP）数据

佳能77D单反摄影宝典 ：相机设置+拍摄技法+场景实战+后期处理 / 于众著. -- 北京 ：人民邮电出版社，2017.9
ISBN 978-7-115-46573-3

Ⅰ．①佳… Ⅱ．①于… Ⅲ．①数字照相机－单镜头反光照相机－摄影技术 Ⅳ．①TB86②J41

中国版本图书馆CIP数据核字(2017)第192300号

内 容 提 要

　　本书是专门为佳能77D用户编写的一本相机使用与实拍宝典，并针对数码照片的后期处理进行了详尽的讲解，提供从相机设置到拍摄技法，从场景实战到后期处理的"一站式"全流程摄影指导。本书还附赠超值DVD光盘，收录了相机设置、构图理论知识、场景实战拍摄技法、摄影理论知识讲解、Photoshop CC后期处理、数码照片修饰处理等十余类视频学习资源，视频讲解总时长超过20小时。

　　本书适合佳能77D相机用户和准备购买佳能77D相机的摄影爱好者参考阅读。

　◆ 著　　　　于　众
　　责任编辑　张　贞
　　责任印制　周昇亮
　◆ 人民邮电出版社出版发行　　北京市丰台区成寿寺路 11 号
　　邮编　100164　电子邮件　315@ptpress.com.cn
　　网址　http://www.ptpress.com.cn
　　北京盛通印刷股份有限公司印刷
　◆ 开本：787×1092　1/16
　　印张：15　　　　　　　　　　2017 年 9 月第 1 版
　　字数：453 千字　　　　　　　2017 年 9 月北京第 1 次印刷

定价：89.00 元（附光盘）

读者服务热线：(010)81055296　印装质量热线：(010)81055316
反盗版热线：(010)81055315
广告经营许可证：京东工商广登字 20170147 号